高等职业教育工匠工坊新型活页式系列教材

Android 移动应用
项目实战

刘慧梅　张巍然　郭立文◎主　编
郑　赢　刘嘉伟　张丹丹◎副主编

中国铁道出版社有限公司
CHINA RAILWAY PUBLISHING HOUSE CO., LTD.

内 容 简 介

本书是由学校教师和企业工程师共同设计与开发的新型活页式教材，以项目实战为主，围绕项目整合知识，详细介绍了 Android 应用程序开发的核心技术和项目实现过程。全书由项目准备、背单词项目、工具箱项目、新闻客户端项目四个单元构成，包含 Android 开发环境的配置、常用资源使用、UI、Activity、数据存储、网络编程、自定义控件、三方框架应用等内容。为了便于读者更好地掌握技术，项目中涉及的主要知识点，以知识准备和知识链接两种形式讲解，同时提供项目实现操作全过程视频资源。

本书适合作为高职院校移动应用开发等计算机类专业的教材，也可作为广大 Android 应用开发人员的参考书。

图书在版编目（CIP）数据

Android移动应用项目实战/刘慧梅，张巍然，郭立文主编. —北京：中国铁道出版社有限公司，2023.1

高等职业教育工匠工坊新型活页式系列教材

ISBN 978-7-113-29790-9

Ⅰ. ①A… Ⅱ. ①刘… ②张… ③郭… Ⅲ. ①移动终端-应用程序-程序设计-高等职业教育-教材 Ⅳ. ①TN929.53

中国版本图书馆 CIP 数据核字（2022）第 203917 号

书　　名：Android 移动应用项目实战
作　　者：刘慧梅　张巍然　郭立文

策　　划：翟玉峰　谢世博　　　　**编辑部电话：**（010）83525088
责任编辑：翟玉峰　包　宁
编辑助理：谢世博
封面设计：郑春鹏
责任校对：安海燕
责任印制：樊启鹏

出版发行：中国铁道出版社有限公司（100054，北京市西城区右安门西街 8 号）
网　　址：http://www.tdpress.com/51eds/
印　　刷：中煤（北京）印务有限公司
版　　次：2023 年 1 月第 1 版　2023 年 1 月第 1 次印刷
开　　本：787 mm×1 092 mm 1/16　印张：15.5　字数：349 千
书　　号：ISBN 978-7-113-29790-9
定　　价：59.80 元

前言

高职院校教师与企业工程师经过多年教学协作，在计算机专业课程项目化教学改革方面积累了较为丰富的经验。本书通过具体项目培养学生的知识综合应用能力和项目实践技能，以期望达到学校人才培养对接企业用人需求的目标。

本书由具备丰富教学经验的专业课教师和企业工程师共同开发，是活页式教材，采用企业真实项目，将工作任务转化为学习领域课程内容，校企协同进行课程内容的开发与设计。在内容组织上，摒弃了传统的知识架构，而是以项目为载体，任务导向模式，以工作任务整合专业知识。建议教师采用教学做一体化方式进行教学，通过项目实战操作，能够培养学生职业能力和实际操作技能，从而胜任相关岗位工作。

全书由项目准备、背单词项目、工具箱项目、新闻客户端项目四个单元构成。单元1介绍当前流行的Android开发工具Android Studio和企业常用工具Git。单元2包含5个任务，涉及知识有常用控件、布局、项目资源的导入与引用、数据库操作及数据库框架的使用、手势滑动监听、权限等。单元3包含8个任务，涉及知识有自定义控件编程、Activity、动画、广播接收者、Handler消息机制、传感器编程、文件存储、常用绘图类的使用。单元4包含2个任务，涉及内容有Json语法及解析、MVP编程模式、网络编程，第三方插件和框架的使用，ViewPager、RecyclerView、WebView等控件使用。每个单元按照实现过程划分为多个任务，每个任务由任务描述、任务目标、任务实现、任务考评构成，以完成任务的实操为主线，在任务描述中提供任务涉及的知识介绍，一些操作中应用到的知识点在任务实现的知识链接中讲解，这样保证理论知识在实践操作中学习应用，也对实操提供支撑。教材中的项目均在Android Studio 4.0中调试通过，并提供项目实现操作视频帮助读者学习。

本书由陕西国防工业职业技术学院刘慧梅、张巍然、郭立文任主编，沈阳职业技术学院郑赢、江苏一道云科技发展有限公司刘嘉伟和沈阳职业技术学院张丹丹任副主编。其中，单元1的任务1由张丹丹编写，单元1的任务2由刘嘉伟编写，单元2由刘慧梅编写，单元3的任务1到任务6由张巍然编写，任务7和任务8由郑赢编写，单元4由郭立文编写，全书由刘慧梅和张巍然统稿，项目的代码由刘嘉伟审核。代码资源文件可到中国铁道出版社有限公司教育资源数字化平台（http://www.tdpress.com/51eds/）下载。

由于编者水平有限，书中错误与疏漏之处在所难免，敬请读者批评指正。

编　者

2022年6月

目　录

资源明细表

序号	链接内容	页码
1	项目创建及资源导入	2-6
2	创建数据库（1）	2-11
3	创建数据库（2）	2-15
4	绘制锁屏界面	2-19
5	声明控件	2-22
6	初始化控件	2-23
7	系统时间和词义操作（1）	2-28
8	系统时间和词义操作（2）	2-31
9	数据库操作	2-33
10	手势滑动事件监听	2-36
11	配置Mainfest权限	2-38
12	复习界面布局	2-44
13	实现复习界面	2-49
14	绘制开关按钮	2-56
15	实现开关按钮功能	2-59
16	设置界面布局	2-60
17	实现设置界面功能（1）	2-63
18	实现设置界面功能（2）	2-67
19	自定义按钮样式和主界面布局	2-78
20	创建声明BaseApplication类	2-81
21	锁屏状态监听	2-83
22	实现主界面功能	2-86
23	项目创建及资源导入	3-2

续表

序号	链接内容	页码
24	项目首页界面	3-14
25	讲解CircleMenuLayout类	3-18
26	指南针功能的设计（1）	3-37
27	指南针功能的设计（2）	3-38
28	取消指南针	3-39
29	实现显示电池信息的功能	3-41
30	创建电池接收器	3-43
31	布局放大镜界面	3-50
32	实现放大镜的功能	3-52
33	实现工具尺功能	3-62
34	分贝测试仪布局	3-70
35	开启麦克风将声音转换成分贝值	3-78
36	发送消息更新页面	3-80
37	实现手电筒功能	3-85
38	数据服务	4-3
39	项目初始化	4-16
40	MVP简介	4-16
41	实体工具类	4-17
42	实现Model层	4-23
43	实现Presenter层（1）	4-25
44	实现Presenter层（2）	4-26
45	实现MainActivity类（1）	4-28
46	实现MainActivity类（2）	4-28
47	实现NewsFragment类	4-30
48	实现NewsFragmentAdapter类	4-33
49	实现点击显示新闻详情	4-37

单元1 项目准备

学习之前有必要搭建好Android软件开发环境，本单元涉及开发环境Android Studio的搭建、开源版本控制系统Git的安装和使用技能，因此任务划分为环境搭建、Git的安装与使用。

学习目标

通过本单元的学习，使学生主要掌握Android的体系结构，开发环境的搭建，了解分布式版本控制系统的知识，培养学生熟练使用开发工具的能力。

任务1 环境搭建

任务描述

情境描述	公司接到一项任务，根据客户的需求，确定采用主流的Android Studio开发环境。Android Studio是Google推出的基于IntelliJ IDEA的Android应用集成开发环境（IDE），与之前使用的Eclipse相比，有可视化的界面，XML配置比较方便，运行速度更快，UI更漂亮，更加智能，整合了Gradle构建工具，强大的UI编辑器，内置终端，更加完善的插件系统，完美整合了版本控制系统
任务分解	分析上面的工作情境，将任务分解如下： 1．安装Java SDK。 2．下载Android Studio安装包。 3．安装Android Studio开发软件。 4．创建Android项目。 5．创建模拟器、运行项目
任务准备	搭建环境时需要注意以下几点： 1．Android Studio要求JDK版本为JDK 8及更高版本，确认自己计算机操作系统是32位还是64位，一定下载对应的JDK版本。 2．计算机配置要求： • 内存至少8 GB。 • GTX 960或同级别显卡。 • i5或同级别CPU

任务目标

知识目标	了解Android的发展史，理解Android的体系结构，了解项目的目录结构，熟练使用Android Studio开发工具，创建模拟器运行程序

技能目标	1．认识Android SDK的版本信息。 2．会开发环境的搭建。 3．会Android Studio开发工具的使用，新建项目。 4．会模拟器的创建，运行程序，会查看日志
素养目标	耐心与严谨：在安装Android Studio过程中会出现下载速度慢，中间会中断造成错误，需要个人的耐心与坚持。创建模拟器时，由于硬件条件不同会出现模拟器创建不了的问题，这时需要尝试各种解决办法。在操作过程中可以锻炼个人的耐心与严谨的作风

任务实现

步骤1： JDK下载。

在Oracle官网上下载JDK。

步骤2： 安装JDK。

（1）双击下载的JDK安装文件，按照安装对话框提示操作。

安装路径默认在C:\Program Files\Java目录，可以更改。

（2）配置环境变量。

① 新建JAVA_HOME，指定到JDK目录。

打开电脑系统属性窗口，选择“高级”选项卡，单击“环境变量”按钮，添加系统环境变量JAVA_HOME，值为C:\Program Files\Java\jdk1.8.0_152。

② 编辑Path，JDK的bin目录添加到Path环境变量。

选中Path环境变量，单击“编辑”按钮，单击“新建”按钮，添加值C:\Program Files\Java\jdk1.8.0_152\bin，单击“确定”按钮。

③ 新建CLASSPATH，将各个jar包添加进去。

添加系统环境变量CLASSPATH，添加值%JAVA_HOME%\lib;%JAVA_HOME%\lib\tools.jar;%JAVA_HOME%\dt.jar;。

步骤3： 下载Android Studio安装包。

打开官方下载链接单击图1-1-1中的Download Android Studio按钮。

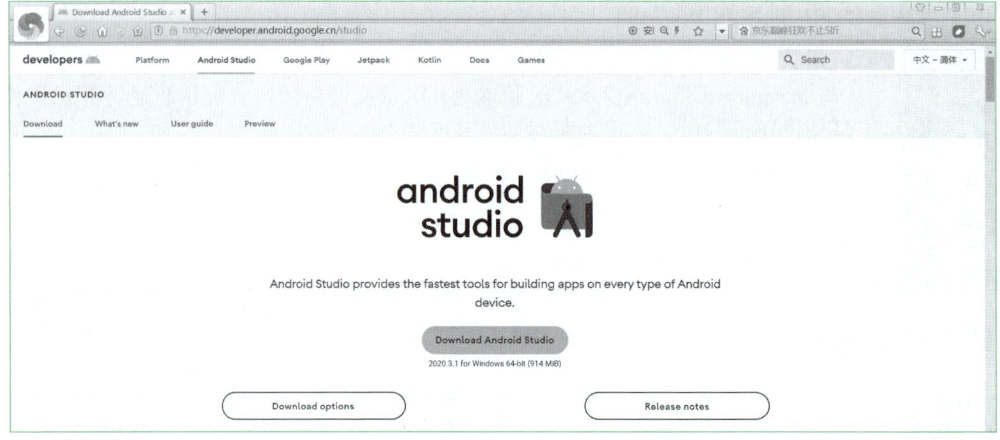

图 1-1-1　下载 Android Studio 安装包

勾选“我已阅读并同意上述条款及条件”复选框，单击“下载”按钮，如图1-1-2所示。

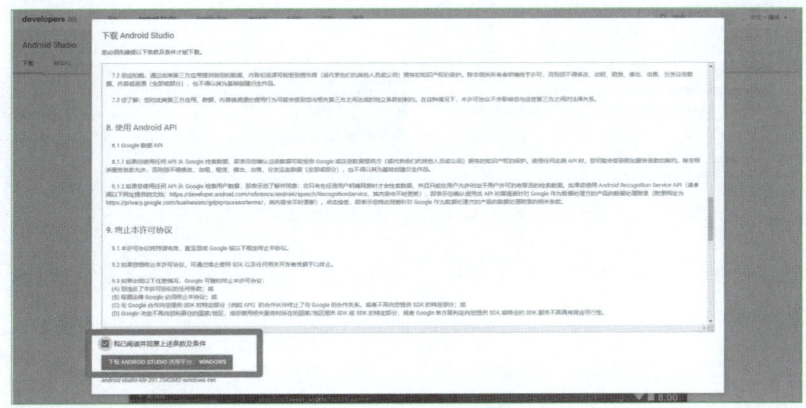

图 1-1-2　同意条款

步骤4： 安装Android Studio开发软件。

打开已经下载的安装包，等待加载完成，单击Next按钮，如图1-1-3所示。

出现Choose Components界面，选中Android Virtual Device复选框，单击Next按钮，如图1-1-4所示。

图 1-1-3　安装欢迎界面

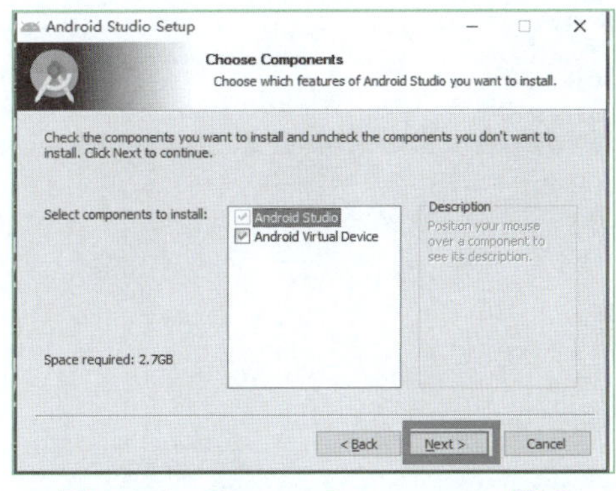

图 1-1-4　Choose Components 界面

出现Configuration Settings界面，单击Browse按钮选择安装目录，单击Next按钮，如图1-1-5所示。

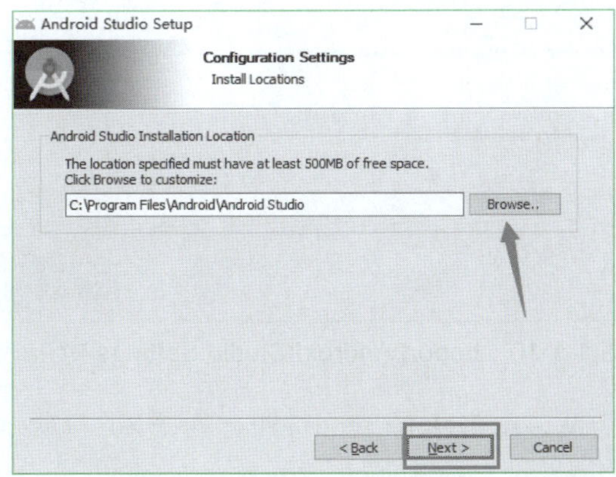

图 1-1-5　Configuration Settings 界面

出现Choose Start Menu Folder界面，单击Install按钮，进行安装，如图1-1-6所示。

出现Installing界面，等待Android Studio加载完成，如图1-1-7所示。

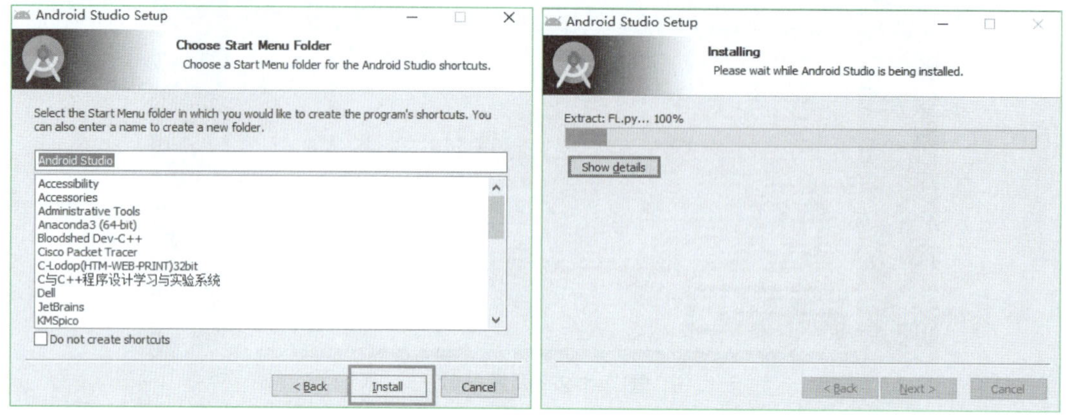

图 1-1-6　Choose Start Menu Folder 界面　　图 1-1-7　Installing 界面

出现Installation Complete界面，单击Next按钮，如图1-1-8所示。

出现Completing Android Studio Setup界面，勾选Start Android Studio复选框，单击Finish按钮，如图1-1-9所示。

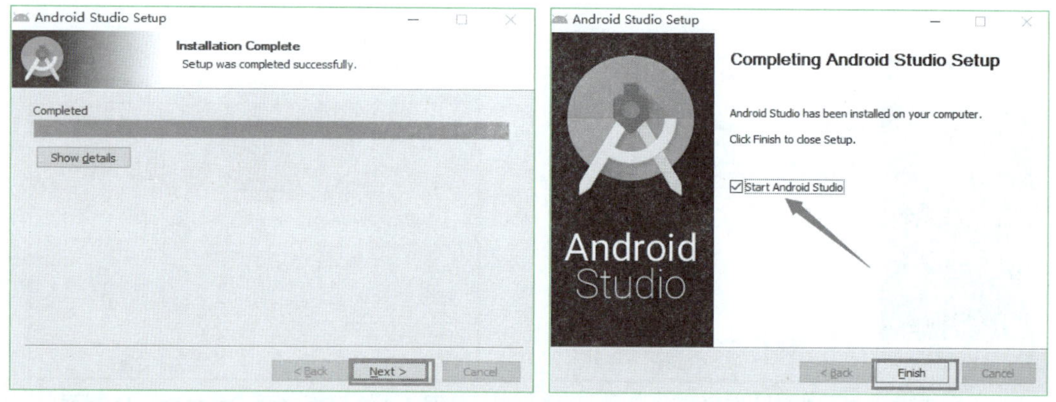

图 1-1-8　Installation Complete 界面　　图 1-1-9　Completing Android Studio Setup 界面

弹出Import Android Studio Settings对话框，选择Do not import settings单选按钮，不导入配置，单击OK按钮，如图1-1-10所示。

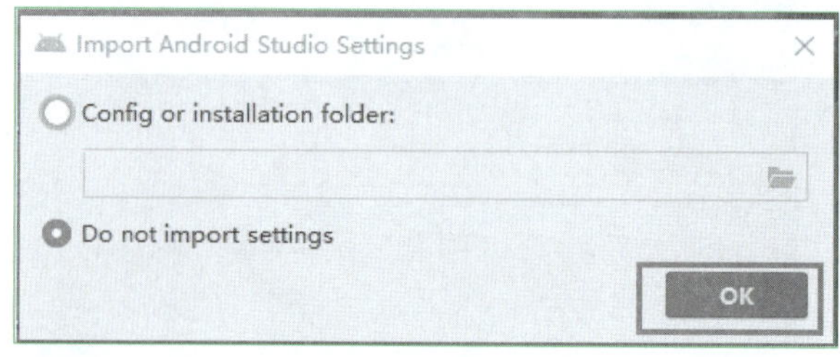

图 1-1-10　Import Android Studio Settings 对话框

弹出Data Sharing对话框，单击Don't send按钮，如图1-1-11所示。

弹出Android Studio First Run对话框，单击Cancel按钮，此时不下载SDK，进入Android Studio后，可选择版本下载，如图1-1-12所示。

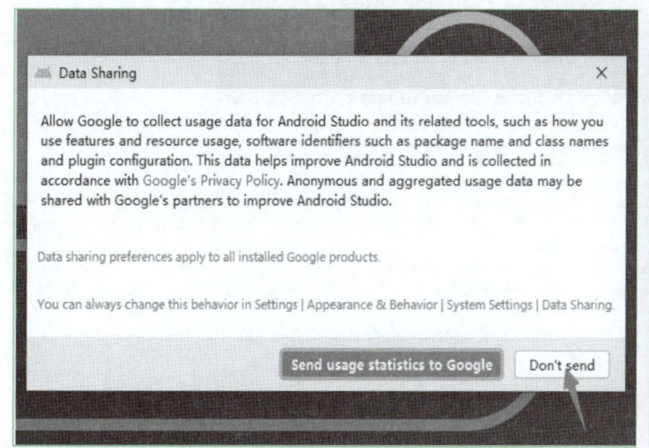

图 1-1-11 Data Sharing 对话框

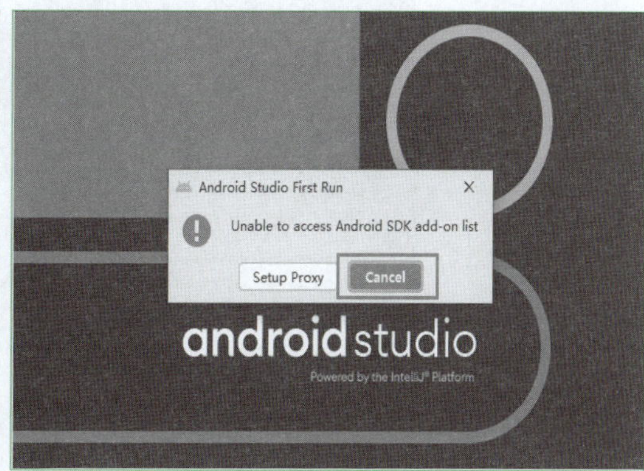

图 1-1-12 Android Studio First Run 对话框

出现Welcome界面，单击Next按钮，如图1-1-13所示。

出现Install Type界面，选中Standard单选按钮，单击Next按钮，如图1-1-14所示。

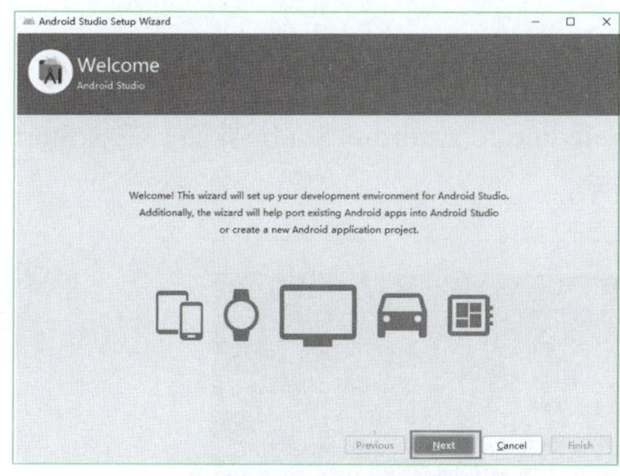

图 1-1-13 Welcome 界面

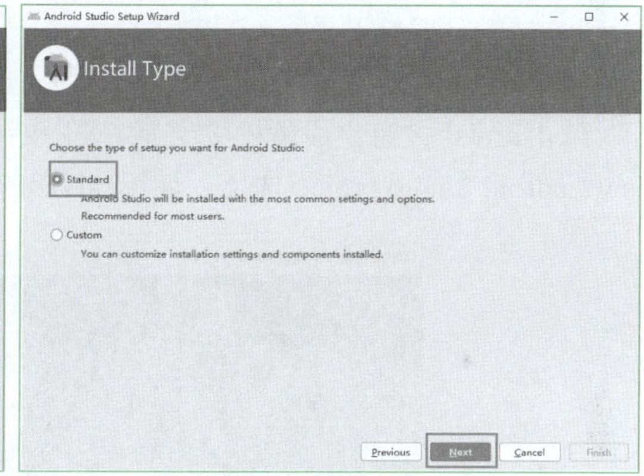

图 1-1-14 Install Type 界面

出现Select UI Theme界面，选择喜欢的主题，单击Next按钮，如图1-1-15所示。

出现Verify Settings界面，单击Finish按钮开始下载，如图1-1-16所示。

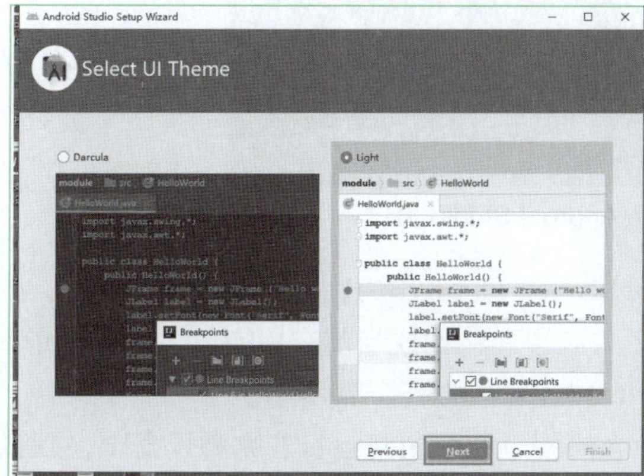

图 1-1-15 Select UI Theme 界面

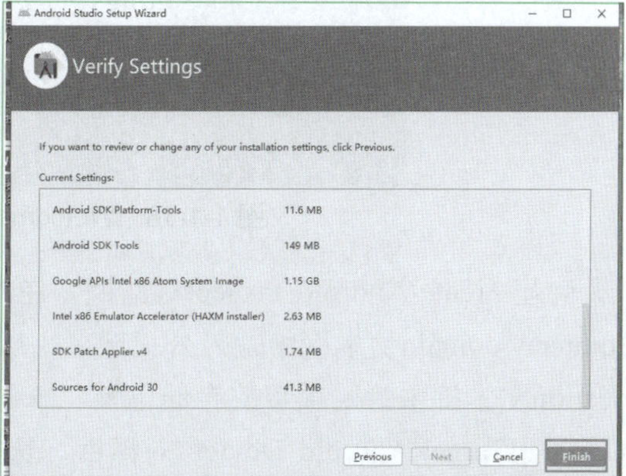

图 1-1-16 Verify Settings 界面

出现Downloading Components界面，单击Finish按钮，确认下载的组件，如图1-1-17所示。

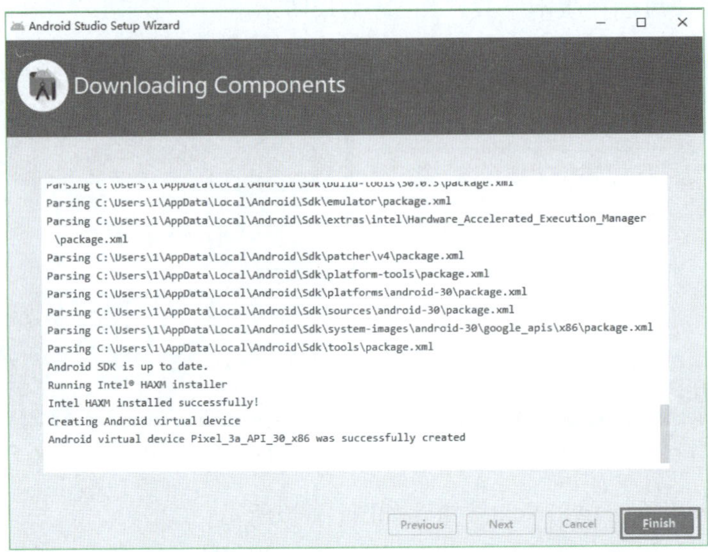

图 1-1-17　Downloading Components 界面

步骤5： 创建Android项目。

单击Finish按钮完成软件安装后，进入Welcome to Android Studio界面，选择Start a new Android Studio project选项，如图1-1-18所示。

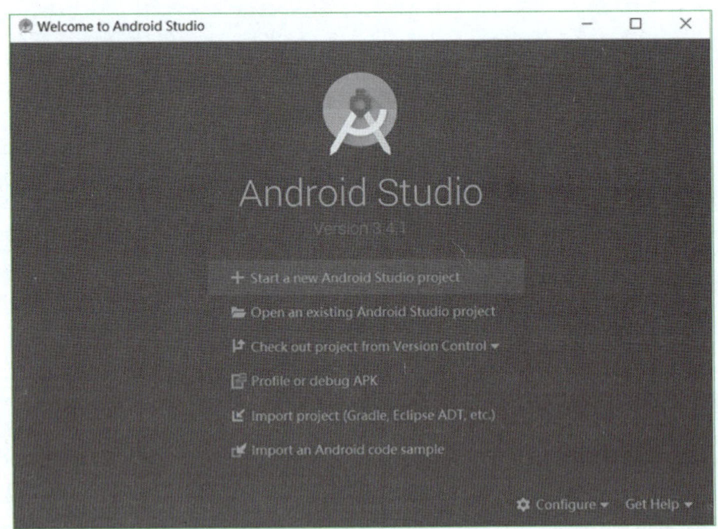

图 1-1-18　Welcome to Android Studio 窗口

弹出Create Android Project对话框，在Application name文本框中输入应用的名称，在Company domain文本框中输入公司域名，域名与应用名称构成当前应用的包名，在Project location文本框中输入项目的存储位置。单击Next按钮，如图1-1-19所示。

弹出Target Android Devices对话框，选择当前创建的应用将运行在哪种设备上，默认的选项是Phone and Tablet，即手机和平板，单击Next按钮，如图1-1-20所示。

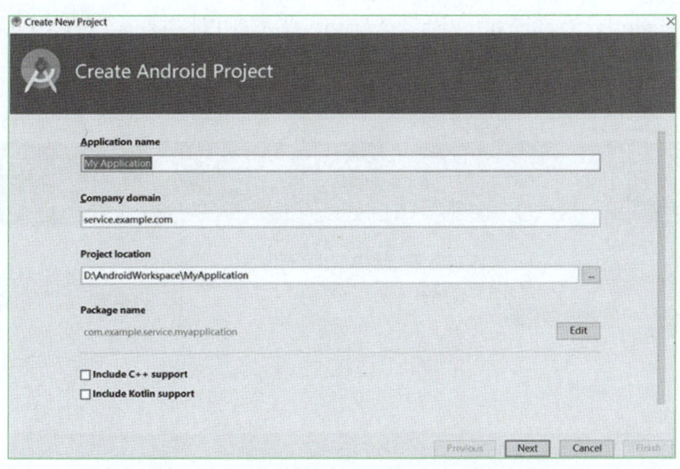

图 1-1-19 Create Android Project 对话框

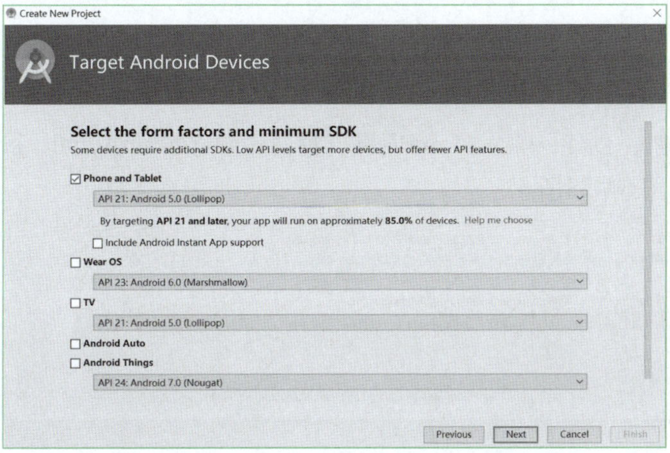

图 1-1-20 Target Android Devices 对话框

弹出Add an Activity to Mobile对话框，其中列出了一些不同类型的Activity，选择空的Activity，向导会在新项目中创建一个空的Activity，单击Next按钮，如图1-1-21所示。

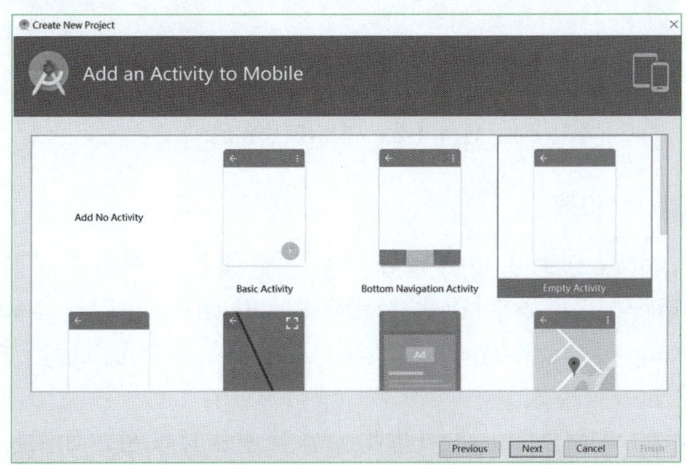

图 1-1-21 Add an Activity to Mobile 对话框

弹出Configure Activity对话框，设置Activity类名和对应布局文件名称。可以使用默认名称，也可以修改，如图1-1-22所示。

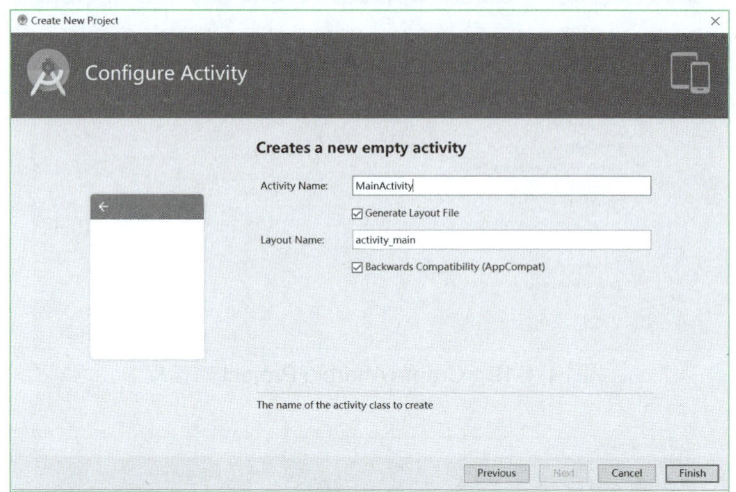

图 1-1-22　Configure Activity 对话框

单击Finish按钮，创建一个Android项目。窗口中显示MainActivity.java和activity_main.xml两个文件，如图1-1-23所示。

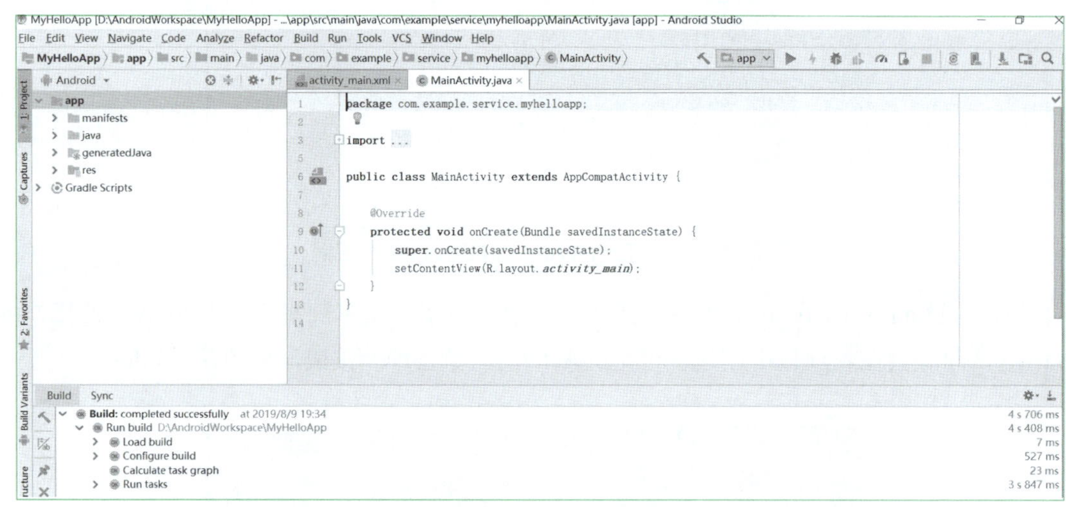

图 1-1-23　项目新建完成

步骤6： 创建模拟器。

新建项目时，向导帮助用户创建好一个完整项目，不需要任何修改即可运行。Android程序需要运行在手机或平板电脑等设备上，开发时，可以连接Android手机调试程序，也可以使用Android Studio提供的模拟器。模拟器是一个可以运行在计算机上的虚拟设备。下面首先创建一个模拟器。

单击工具栏中的AVM Manager（虚拟设备管理器）按钮，如图1-1-24所示，弹出Android Virtual Device Manager界面，如图1-1-25所示。

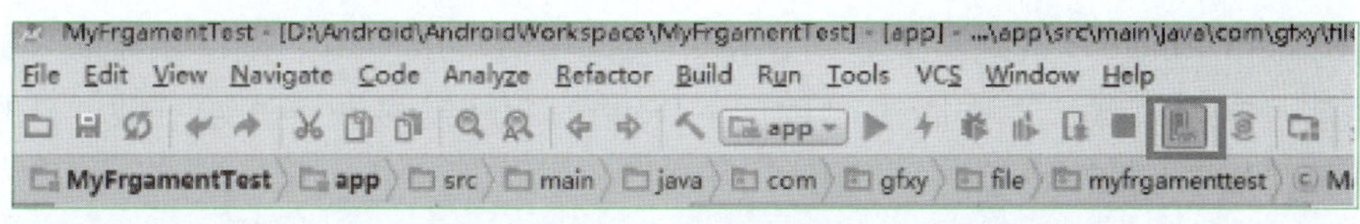

图 1-1-24 单击 AVM Manager（虚拟设备管理器）按钮

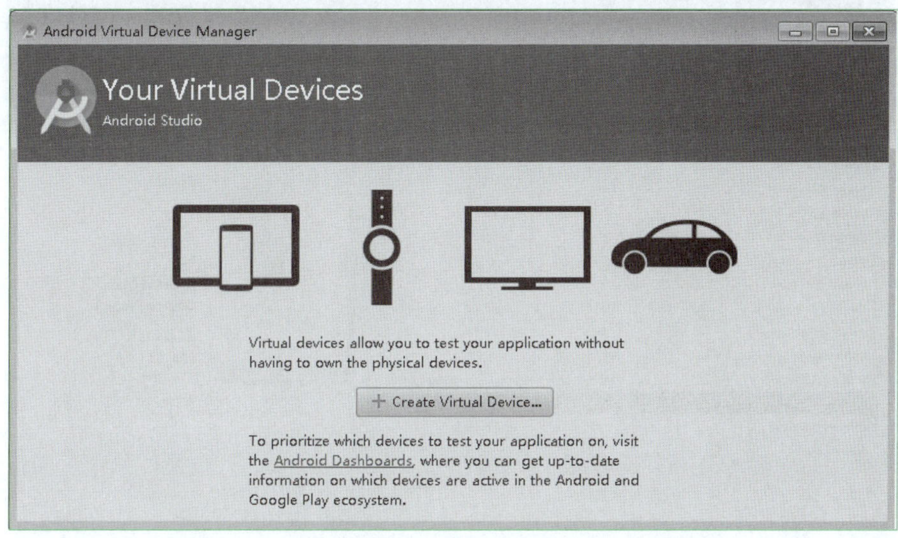

图 1-1-25 Android Virtual Device Manager 界面

单击Create Virtual Device（创建虚拟设备）按钮，创建虚拟设备。出现Select Hardware（选择模拟器）对话框，在其中不仅能创建手机模拟器，还可以创建平板、手表、电视等模拟器。在左侧选择设备类型为Phone，在右侧选取设备型号，单击Next按钮，如图1-1-26所示。

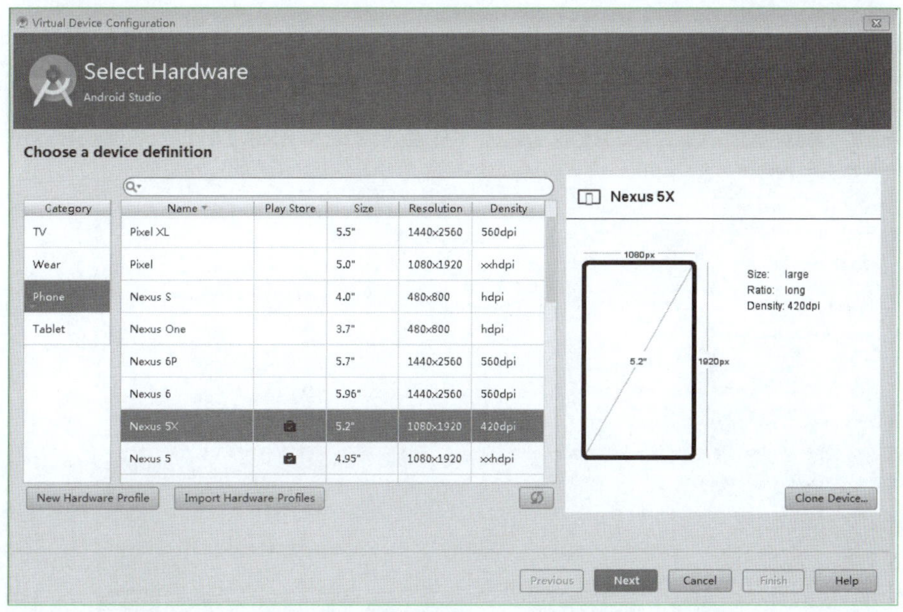

图 1-1-26 Select Hardware（选择模拟器）对话框

弹出System Image（系统镜像）对话框，选择模拟器所使用的操作系统版本。在选择镜像文件前，需要下载。单击版本名称后的Download超链接即可开始下载，选择一个版本进行下载，如图1-1-27所示。

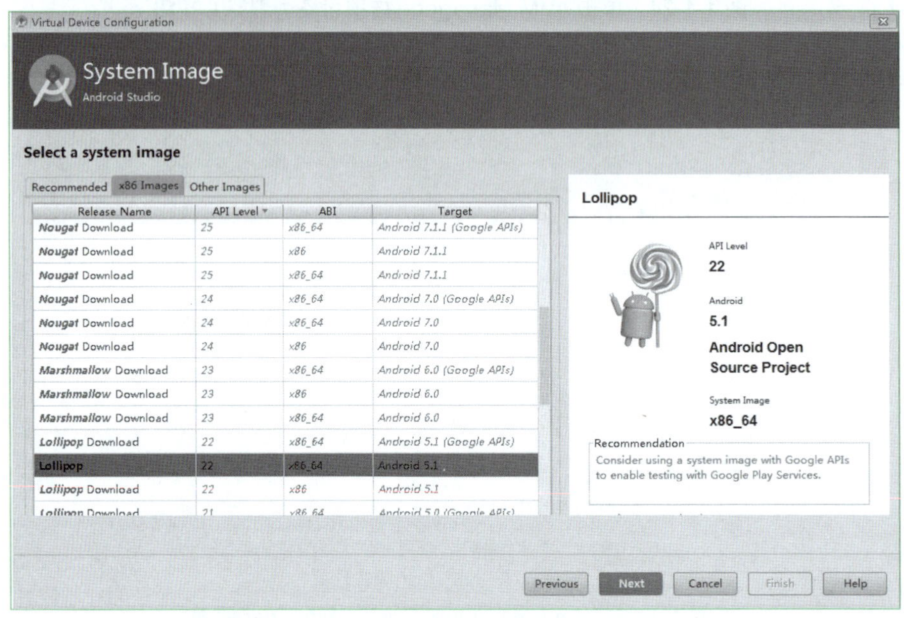

图 1-1-27　System Image（系统镜像）对话框

选择好镜像文件后，单击Next按钮，弹出Android Virtual Device（AVD）对话框，其中显示了模拟器的一些配置信息，如模拟器的名字、分辨率、横竖屏等信息，这里名称尽量包含模拟器版本和屏幕信息，方便以后管理。这些信息可以修改，如果没有特殊需求的话，全部保持默认值即可，如图1-1-28所示。

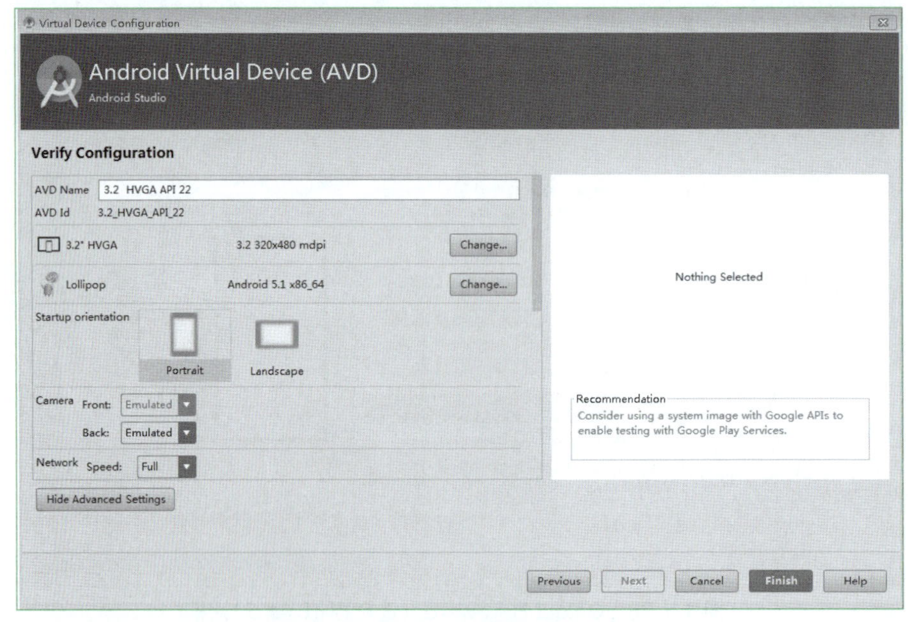

图 1-1-28　配置信息

创建完后，回到虚拟设备管理器对话框，其中已显示一个模拟器。单击“运行”按钮即可启动模拟器，如图1-1-29所示。

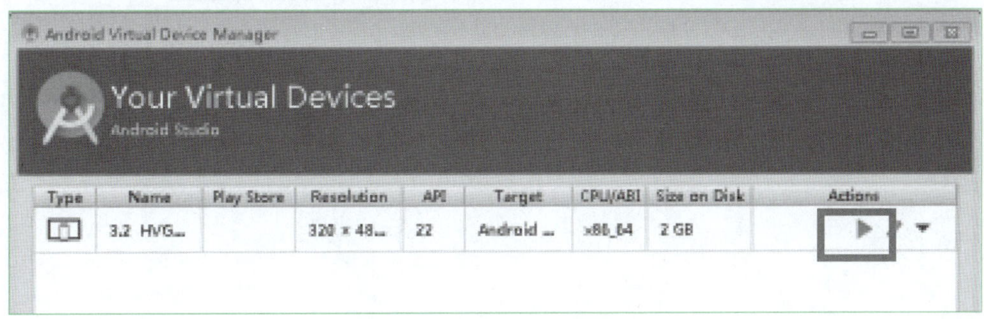

图 1-1-29 启动一个模拟器

模拟器的启动需要一点时间，启动后可以看到一个类似手机的界面，如图1-1-30所示。

图 1-1-30 启动后的模拟器

步骤7： 运行项目。

启动模拟器后，表示已经有了一个可以运行Android程序的设备，可以将Android项目运行在该模拟器上。单击开发窗口菜单栏中的“运行”按钮（见图1-1-31），弹出Select Deployment Target对话框，如图1-1-32所示。

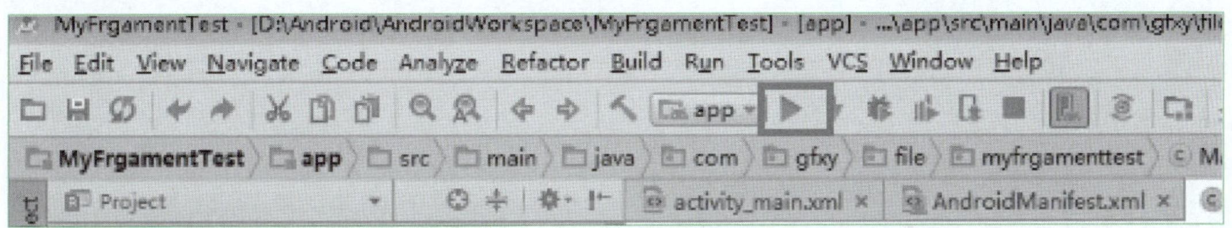

图 1-1-31 运行 Android 程序

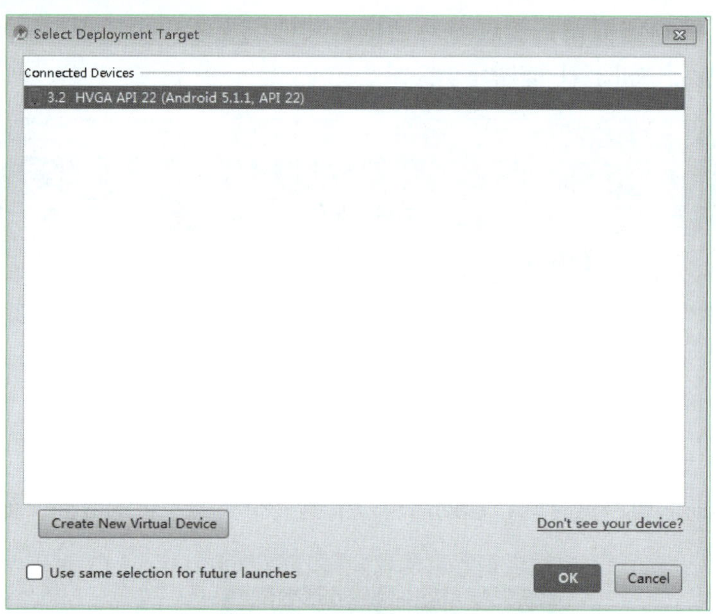

图 1-1-32 Select Deployment Target 对话框

在对话框中选择已经启动的模拟器，单击OK按钮，系统会发送项目到模拟器上并且安装运行，在模拟器上可以观察程序运行的结果。

学习笔记

任务考评

【环境搭建】考评记录

姓名		完成日期	
序号	考核内容	标准分	评分
1	从官网下载Java JDK	5	
2	安装完成之后，命令行测试javac命令	5	
3	打开官网下载Android Studio工具	5	
4	开始安装Android Studio	40	
5	下载SDK，可选择合适版本	10	
6	新建项目	10	
7	创建模拟器（下载镜像文件）	20	
8	运行项目到模拟器上	5	
总评分		100	

任务心得：

任务 2 Git 的安装与使用

任务描述

情境描述	李星通过对Git产品的商业分析和市场分析，决定要进行： 1．Git的安装和Git基本使用。让小组有效、高速地处理项目版本管理。 2．如果李星发现两个开发者之间有理解不一致的地方，就会要求他们先沟通达成共识，然后再由其中一个人提交。如果李星可以自己解决，或者没有冲突，就通过
任务分解	分析上面的工作情境，将任务分解如下： 1．Git的安装。 2．Git的使用
任务准备	在使用Git之前要安装好Git软件。本任务主要进行Git的安装和创建。 总而言之，安装与使用Git软件之前，要满足以下要求： 1．Git的安装与配置SSH。 2．添加公钥到Gitee服务器。 3．熟悉Git的一些基本命令

任务目标

知识目标	了解分布式版本控制系统，掌握Git的使用方法
技能目标	能够独立进行项目开发的账号准备
素养目标	耐心与严谨：在创建虚拟环境和项目的过程中，通过解决诸如环境变量配置错误、依赖包版本错误等问题，提高个人的耐心与严谨的作风

任务实现

步骤1： 下载软件。

打开Git官网，单击Download按钮进行下载，如图1-2-1所示。

图 1-2-1　Git 下载窗口

步骤2: 准备安装。

下载好之后双击可执行文件进行安装。若弹出“打开文件-安全警告”对话框，单击“运行”按钮（见图1-2-2），弹出“用户账户控制”对话框，单击“是”按钮，如图1-2-3所示。

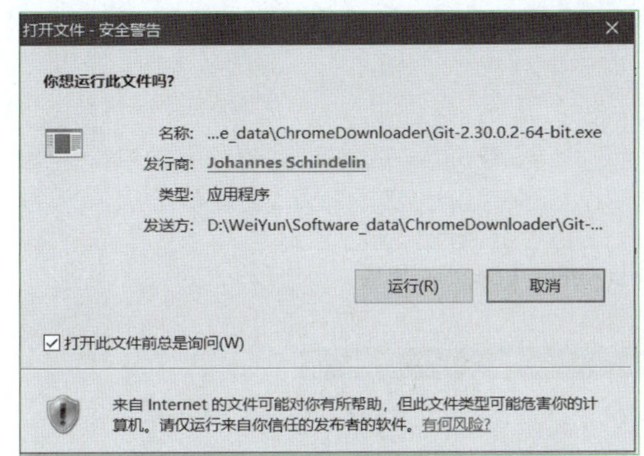

图 1-2-2　“打开文件 - 安全警告”对话框

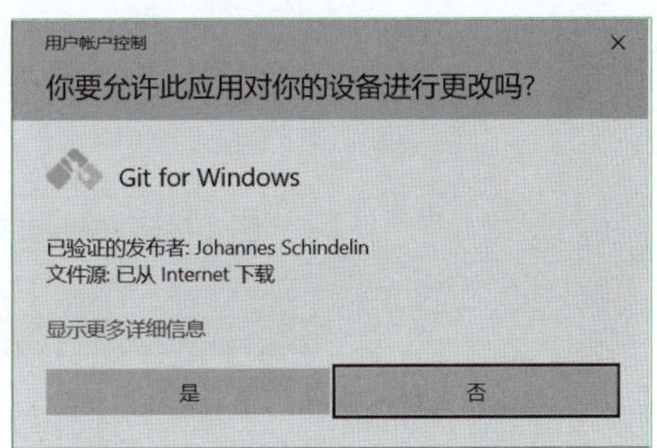

图 1-2-3　“用户账户控制”对话框

步骤3: Information窗口。

出现Information界面，单击Next按钮，如图1-2-4所示。

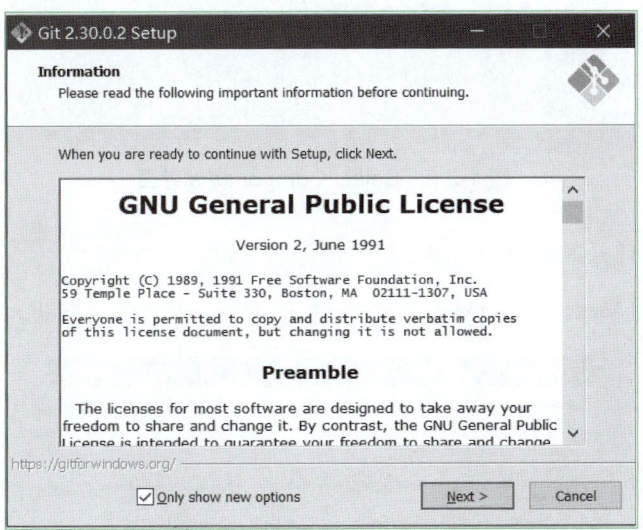

图 1-2-4　Information 界面

步骤4: 安装路径设置。

出现Select Destination location界面，设置安装路径，单击Next按钮，如图1-2-5所示。

步骤5: 选择组件。

出现Select Components界面，勾选图1-2-6所示复选框，单击Next按钮。

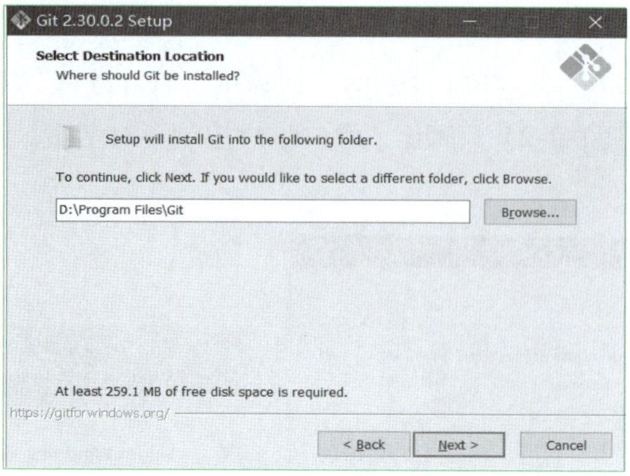

图 1-2-5　Select Destination Location 界面

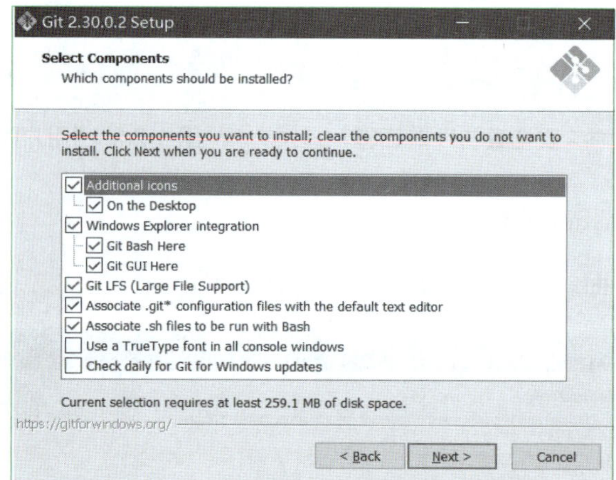

图 1-2-6　Select Components 界面

步骤6: 选择开始菜单文件夹。

出现Select Start Menu Folder界面，保持默认设置，单击Next按钮，如图1-2-7所示。

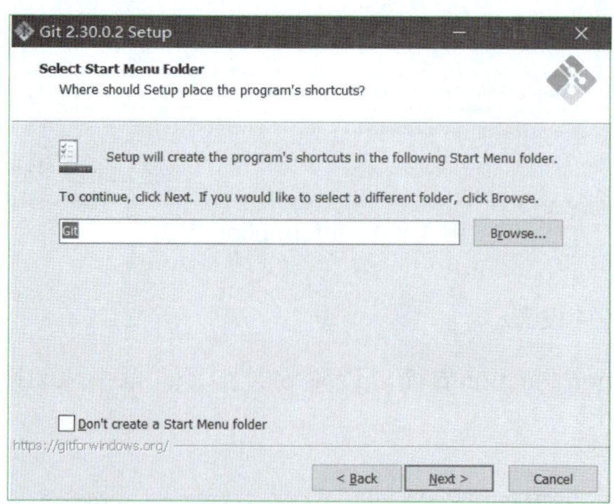

图 1-2-7　Select Start Menu Folder 界面

步骤7： 选择 Git 编辑器。

出现Choosing the default editor used by Git界面，根据自己的情况选择编辑器，一般默认选择Vim编辑器，单击Next按钮，如图1-2-8所示。

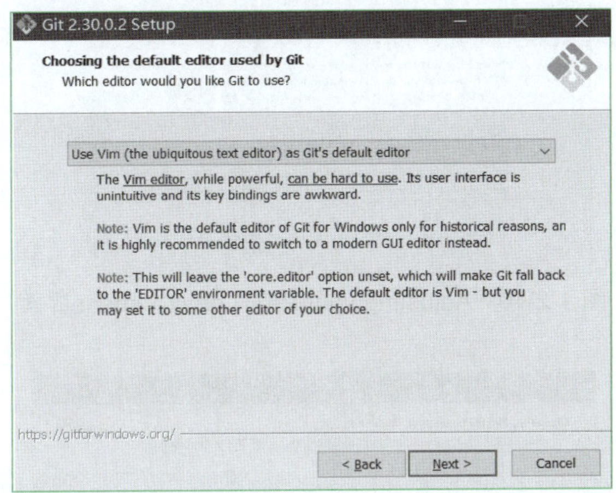

图 1-2-8 Choosing the default editor used by Git 界面

步骤8： 调整新存储库中初始分支的名称。

出现Adjusting the name of the initial branch in new repositories界面，选择Let Git decide单选按钮，单击Next按钮，如图1-2-9所示。

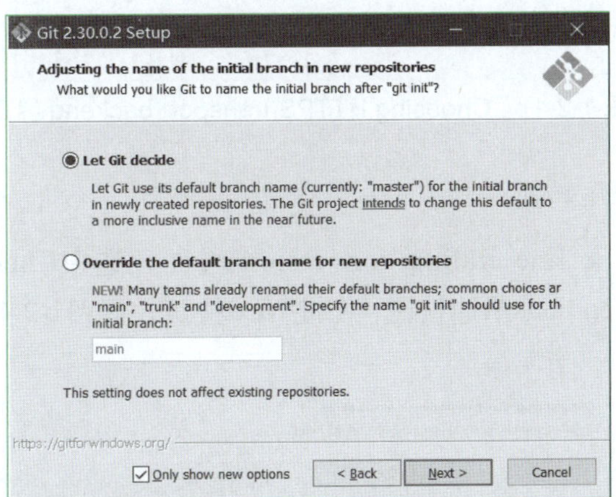

图 1-2-9 Adjusting the name of the initial branch in new repositories 界面

步骤9： 选择 Git 的执行环境路径。

出现Adjusting your PATH environment界面，选择Git from the command line and also from 3rd-party software单选按钮，单击Next按钮，如图1-2-10所示。

步骤10： 选择 HTTPS 的传输端。

出现Choosing HTTPS transport backend界面，选中Use the OpenSSL library单选按钮，单击Next按钮，如图1-2-11所示。

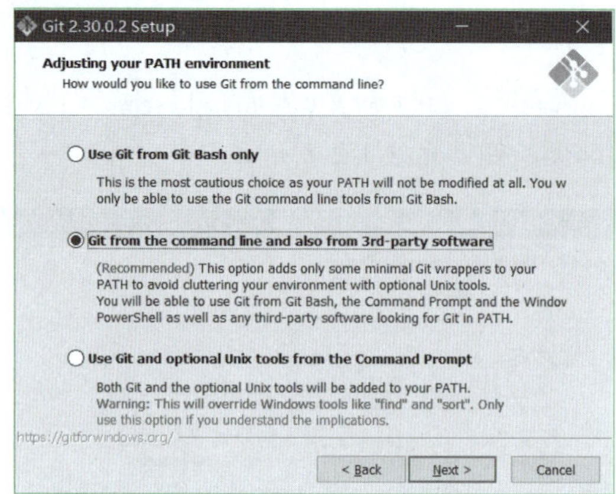

图 1-2-10　Adjusting your PATH environment 界面

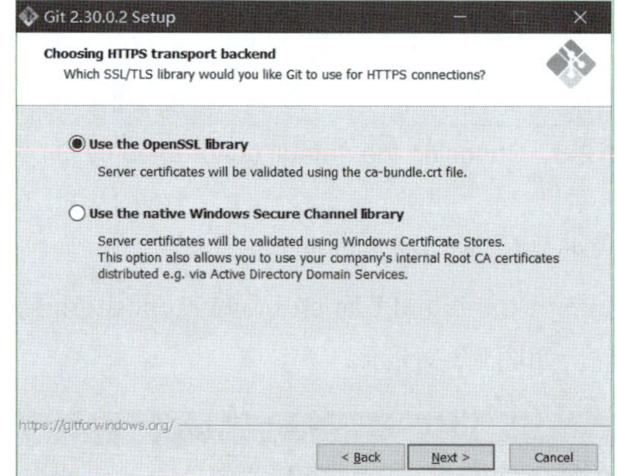

图 1-2-11　Choosing HTTPS transport backend 界面

步骤11: 配置行尾转换。

出现Configuring the line ending conversions界面，选中Checkout Windows-style, commit UNIX-style line endings单选按钮，单击Next按钮，如图1-2-12所示。

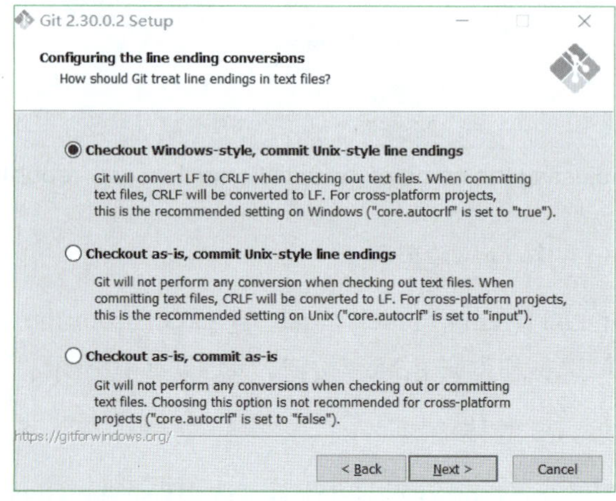

图 1-2-12　Configuring the line ending conversions 界面

步骤12： 配置 Git 终端。

出现Configuring the terminal emulator to use with Git Bash界面，选中Use MinTTY单选按钮，单击Next按钮，如图1-2-13所示。

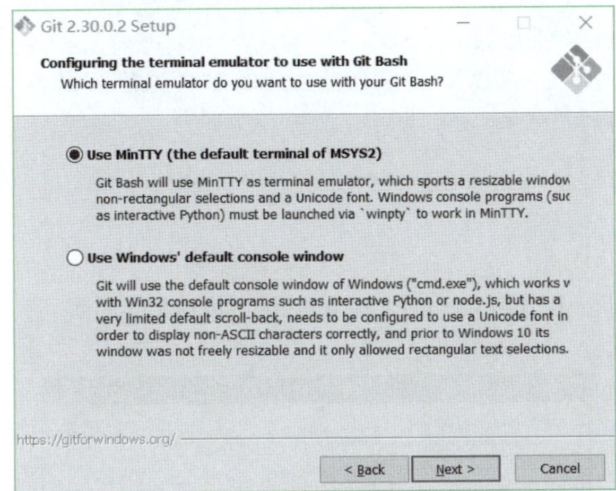

图 1-2-13 Configuring the terminal emulator to use with Git Bash 界面

步骤13： 选择默认的 git pull 的方式。

出现Choose the default behavior of 'git pull'界面，选择Default单选按钮，单击Next按钮，如图1-2-14所示。

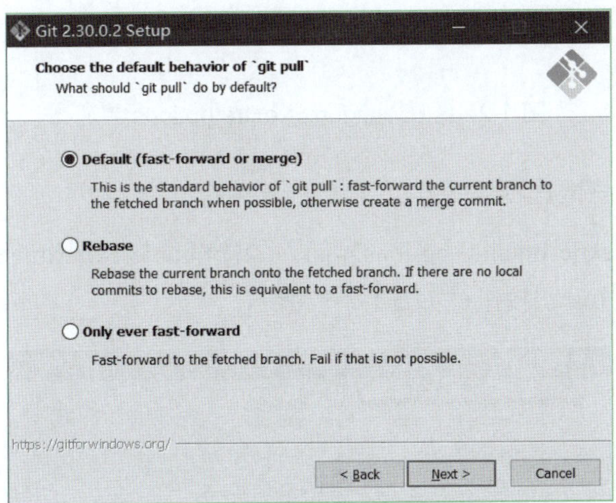

图 1-2-14 Choose the default behavior of 'git pull' 界面

步骤14： 选择Git凭据管理器。

出现Choose a credential helper界面，选择Git Credential Manager Core单选按钮，单击Next按钮，如图1-2-15所示。

步骤15： Git的额外配置。

出现Configuring extra options界面，保持默认设置，单击Next按钮，如图1-2-16所示。

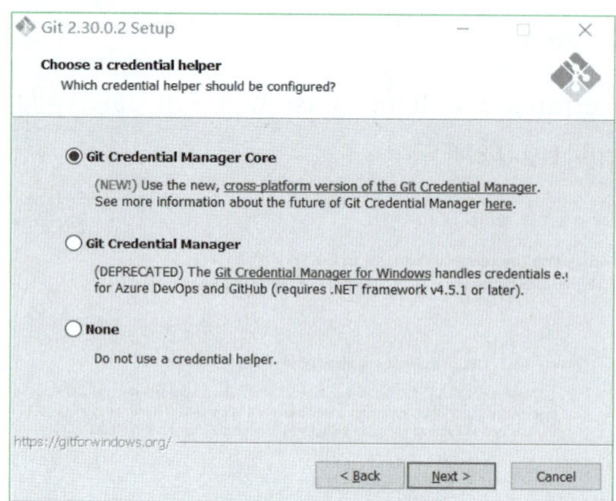

图 1-2-15　Choose a credential helper 界面

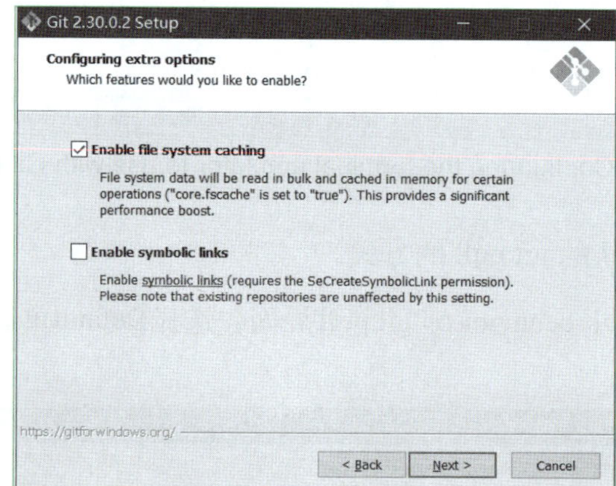

图 1-2-16　Configuring extra options 界面

步骤16： 配置测试选项。

出现Configuring experimental options界面，勾选Enable experimental support for pseudo consoles复选框，单击Install按钮，如图1-2-17所示。

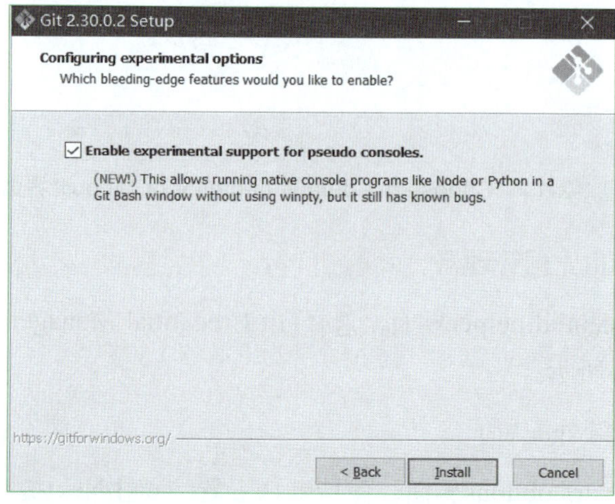

图 1-2-17　Configuring experimental options 界面

出现Installing界面，等待安装完毕，如图1-2-18所示。

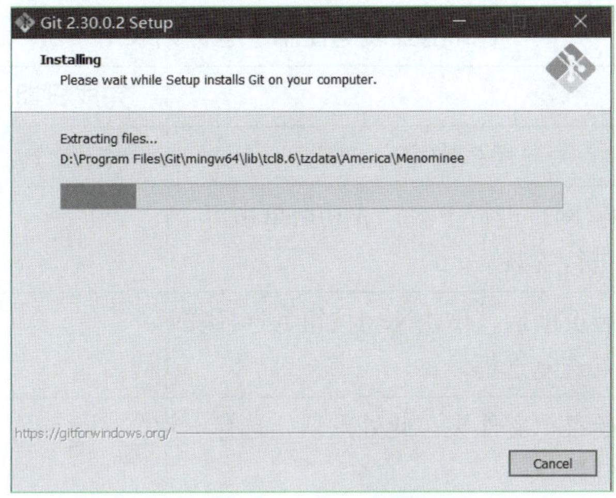

图 1-2-18 Installing 界面

步骤17： 完成安装。

出现Completing the Git Setup Wizard界面，取消勾选View Release Notes复选框，单击Finish按钮，如图1-2-19所示。

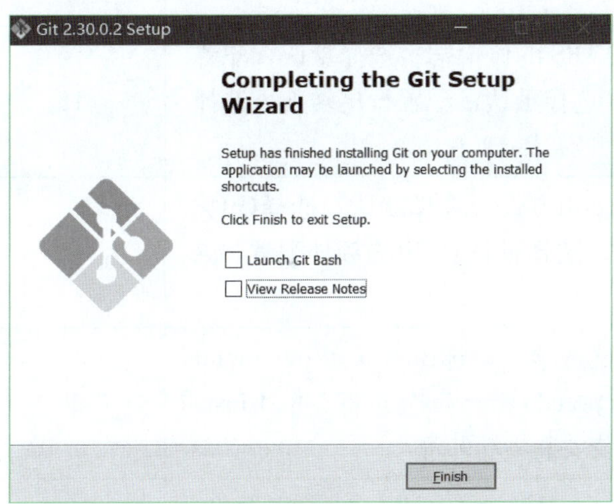

图 1-2-19 Completing the Git Setup Wizard 界面

到此，安装完毕。

任务考评

【Git的安装与使用】考评记录

姓名		完成日期	
序号	考核内容	标准分	评分
1	打开Git官网，进行下载，成功后单击可执行文件进行安装	10	
2	出现安装页面后，单击Next按钮，选择安装路径，勾选复选框	5	
3	选择开始菜单文件夹，此处默认，选择编译器同样默认	5	
4	调整新存储库中初始分支的名称，选择Let Git decide单选按钮	15	
5	选择 Git 的执行环境路径，Git from the command line and also from 3rd-party Software	15	
6	选择 HTTPS 的传输端，选择默认；配置 Git 终端，选择默认；配置行尾转换，选择默认	15	
7	选择git pull方式，选择默认；选择Git凭据管理器，选择默认；Git的额外配置，选择默认	15	
8	配置测试选项，勾选Enable experimental support for pseudo consoles复选框，单击Install按钮，等待安装成功即可	20	
总评分		100	

任务心得：

单元2 背单词项目

公司近期接到一个项目，根据客户的需求开发一款背单词App。通过市场调研，发现不仅在校学生，许多在职人员也有全面提升自身英语能力的需求，而学习英语的过程，最头疼的就是背单词，借助手机App，可以实现随时随地学习，利用碎片时间记忆英语单词，所以开发一款适用的背单词App具有很大的市场。

项目部的同事了解了市面上现有的一些背单词App，通过比较、分析，以及结合客户需求，确定了App要实现的功能包含锁屏、复习、设置三大功能，根据功能和实现步骤划分为以下几个任务：项目创建与资源导入、锁屏界面设计、设置界面设计、主界面设计。项目效果图如图2-1所示。

图2-1 项目效果图

学习目标

通过本单元的学习，使学生了解Android项目目录结构，掌握Android资源、数据库、Fragment、权限、常见控件和自定义控件、页面布局等知识，培养学生手机页面布局和操作数据库的能力。

任务 1 项目创建与资源导入

任务描述

情境描述	接到任务后技术部的同事开始工作，为了增加App的美感，绘制了个性化的logo，需要导入到项目资源。同时为了实现单词的提取和播放，需要将语音资源、词库数据库资源导入项目中
任务分解	分析上面的工作情境，将任务分解如下： 1．创建工坊背单词项目。 2．资源导入。 3．创建数据库
任务准备	（见下文）

任务准备

1．分组资源类型

应将各类资源放入项目 res目录的特定子目录中。例如，图2-1-1所示为一个简单项目的文件层次结构。

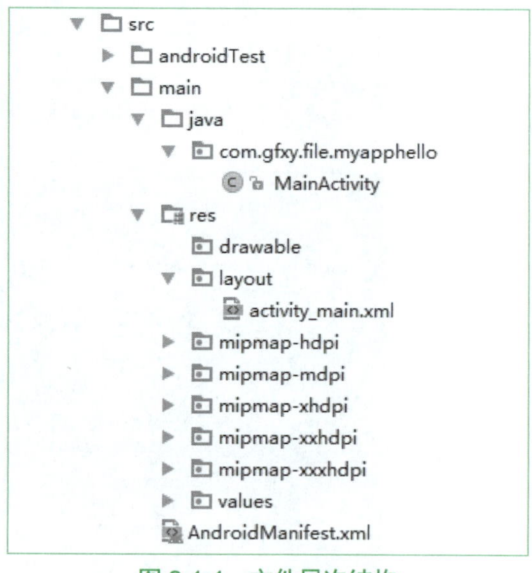

图 2-1-1　文件层次结构

在图2-1-1中，res目录包含所有资源（在子目录中），如图像资源、布局资源、启动器图标的mipmap目录，以及字符串资源文件。res目录下可以存储资源的类型介绍见表2-1-1。

资源引用：

在Java文件中，引用格式：

```
R．资源类型 ．资源名称
```

在 XML文件中，引用格式：

```
@ 资源类型 / 资源名称
```

任务准备

表 2-1-1　res 目录下可以存储资源的类型

目　录	资源类型
animator/	用于定义属性动画的 XML 文件
anim/	用于定义渐变动画的 XML 文件（属性动画也可保存在此目录中，但为了区分这两种类型，属性动画首选 animator/ 目录）
color/	用于定义颜色状态列表的 XML 文件。可参阅颜色状态列表资源
drawable/	位图文件（.png、.bmp、.jpg、.gif）或编译为可绘制对象资源子类型的 XML 文件
mipmap/	适用于不同启动器图标密度的可绘制对象文件。如需了解有关使用 mipmap/ 文件夹管理启动器图标的详细信息，可参阅管理项目概览
layout/	用于定义用户界面布局的 XML 文件。可参阅布局资源
menu/	用于定义应用菜单（如选项菜单、上下文菜单或子菜单）的 XML 文件。可参阅菜单资源
raw/	需以原始形式保存的任意文件。如要使用原始 InputStream 打开这些资源，可使用资源 ID（即 R.raw.filename）调用 Resources.openRawResource()。 但是，如需访问原始文件名和文件层次结构，则可以考虑将某些资源保存在 assets/ 目录（而非 res/raw/）下。assets/ 中的文件没有资源 ID，因此只能使用 AssetManager 读取这些文件
values/	包含字符串、整型数和颜色等简单值的 XML 文件。 其他 res/ 子目录中的 XML 资源文件会根据 XML 文件名定义单个资源，而 values/ 目录中的文件可描述多个资源。对于此目录中的文件，<resources> 元素的每个子元素均会定义一个资源。例如，<string> 元素会创建 R.string 资源，<color> 元素会创建 R.color 资源。 由于每个资源均使用自己的 XML 元素进行定义，因此可以随意命名文件，并在某个文件中放入不同的资源类型。但是，可能需要将独特的资源类型存放在不同的文件中，使其一目了然。例如，对于可在此目录中创建的资源，下面给出了相应的文件名约定： arrays.xml：资源数组（类型数组）。 colors.xml：颜色值。 dimens.xml：尺寸值。 strings.xml：字符串值。 styles.xml：样式。 可参阅字符串资源、样式资源和更多资源类型
xml/	可在运行时通过调用 Resources.getXML() 读取任意 XML 文件。各种 XML 配置文件（如可搜索配置）都必须保存在此处
font/	带有扩展名的字体文件（如 .ttf、.otf、.ttc 等），或包含 <font-family> 元素的 XML 文件。如需详细了解作为资源的字体，可参阅 XML 中的字体

例如，当图像保存为 res/drawable/myimage.png 后，此布局 XML 会将该图像应用至视图：

```
<ImageView
    android:layout_height="wrap_content"
    android:layout_width="wrap_content"
    android:src="@drawable/myimage" />
```

以下Java代码将图像作为 Drawable 进行检索：

```
Resources res = getResources();
Drawable drawable = ResourcesCompat.getDrawable(res,
R.drawable.myimage, null);
```

任务准备

2. Android Studio 添加库文件

在实际开发中经常需要用到一些类库，这些类库需要添加到程序中才能调用库中的方法，接下来将针对如何导入库文件进行讲解，具体操作步骤如下：

（1）在Android Studio中选择File→Project Structure命令，如图2-1-2所示。

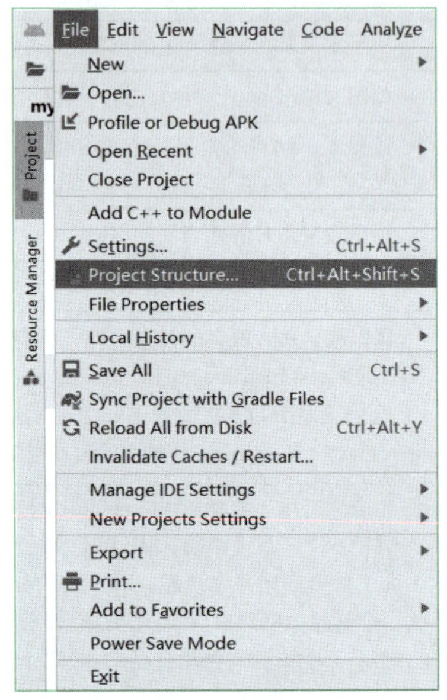

图 2-1-2　选择 Project Structure 命令

（2）弹出Project Structure对话框，如图2-1-3所示。

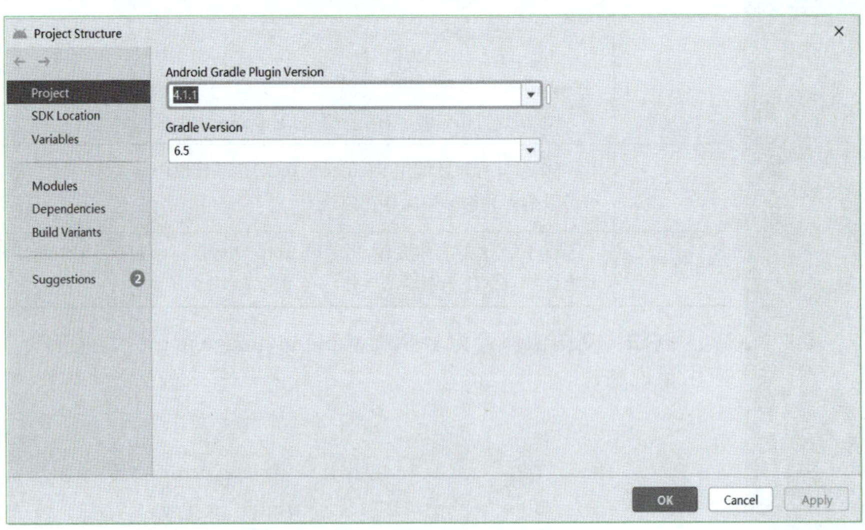

图 2-1-3　Project Structure 对话框

（3）选择Dependencies选项卡，单击右侧区域中的加号按钮，选择Library Dependency选项，如图2-1-4和图2-1-5所示。

（4）弹出Add Library Dependency对话框，输入要查找的资源，单击Search按钮，然后单击OK按钮即可成功添加到程序中，如图2-1-6所示。

任务准备

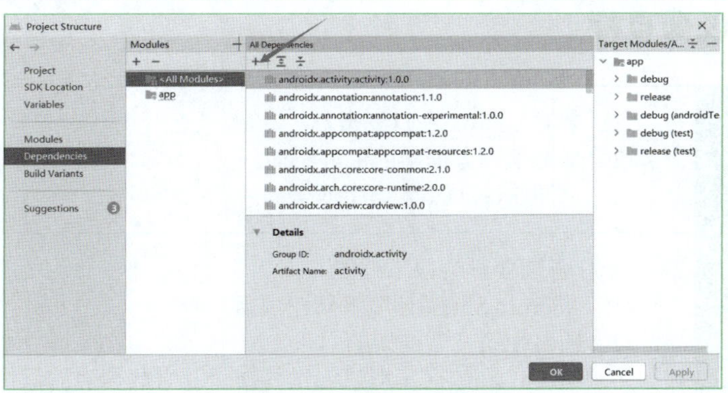

图 2-1-4 添加依赖按钮

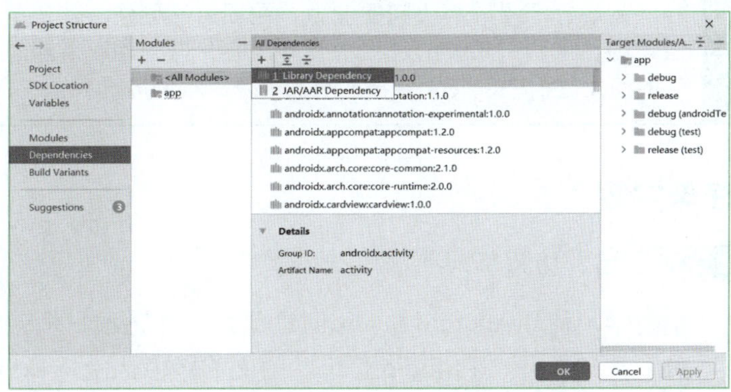

图 2-1-5 添加库依赖

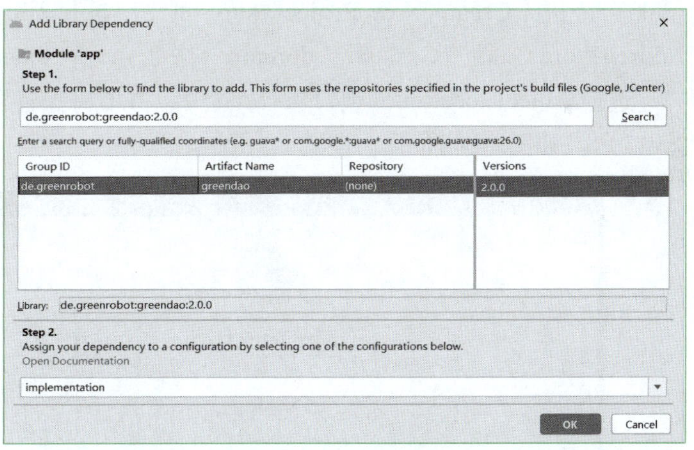

图 2-1-6 Add Librarg Dependency 对话框

3. 需求分析

在项目立项后，首先要进行需求分析。

背单词软件是一个便携的移动词库。词汇是用户的核心需求，用户使用背单词软件最关注的是其中的内容。该项目首先应该考虑词汇如何存储，这里采用GreenDao技术实现数据库存储数据。

背单词App的基础需求是发音与记忆。一个英语词汇是形音义的集合，形音义齐头并进是用户的基本需求。需要实现单词语音的播放，项目使用科大讯飞的语音资源

任务目标

知识目标	1．掌握Android项目框架。 2．掌握第三方框架的依赖添加。 3．掌握GreenDao数据库框架的应用
技能目标	本任务需要学会以下技能： 1．Android Studio环境下新建项目。 2．项目中第三方框架的引入。 3．GreenDao数据库框架创建数据库及对数据表的操作
素养目标	耐心、严谨、解决问题能力：在项目的创建、代码编写过程中要严格遵守语法规则，在调试功能的过程中要有耐心，遇到问题能通过多途径解决，第三方框架的使用过程中，要学会查看网上资源、示例进行自学

任务实现

步骤1: 创建工坊背单词项目。

视　频

项目创建及资源导入

主要学习使用Android Studio创建项目，熟悉项目框架结构。

（1）启动Android Studio工具，在菜单栏中依次选择File→New→New Project命令，或者在Welcome界面单击Start a new Android Studio project选项（见图2-1-7），进入Create New Project界面，填写Application name（项目名称）为ChildrenWords；填写Company domain（域名）为yi.example.com（即项目的包名），选择Project location（项目保存路径），将项目保存在自己的Android工作空间，单击Next按钮，如图2-1-8所示。

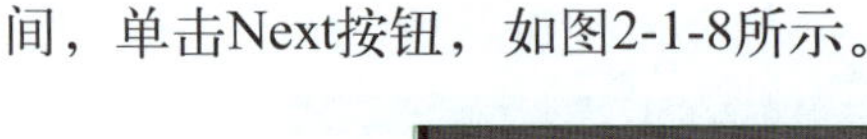

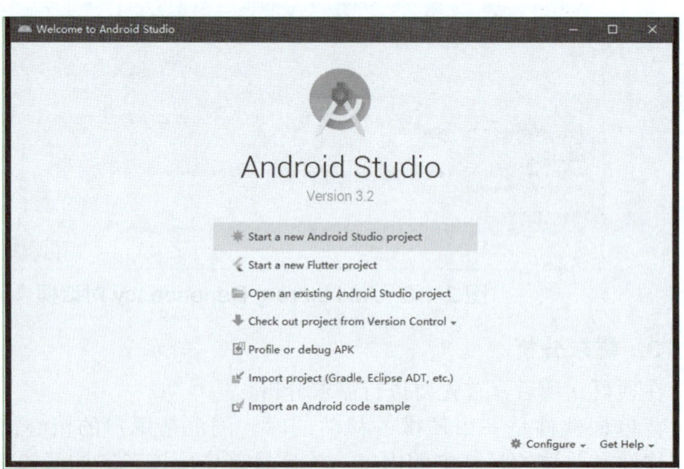

图 2-1-7　Welcome 界面

（2）出现Target Android Devices界面，选择最小SDK版本为API 15 :Android 4.0.3，单击Next按钮，如图2-1-9所示。

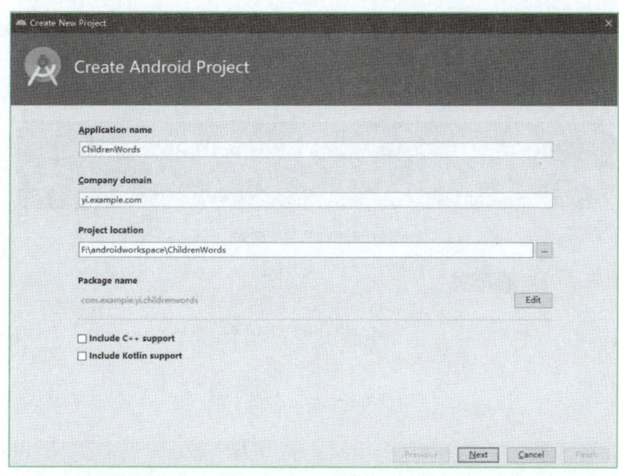

图 2-1-8　Create Android Project 界面

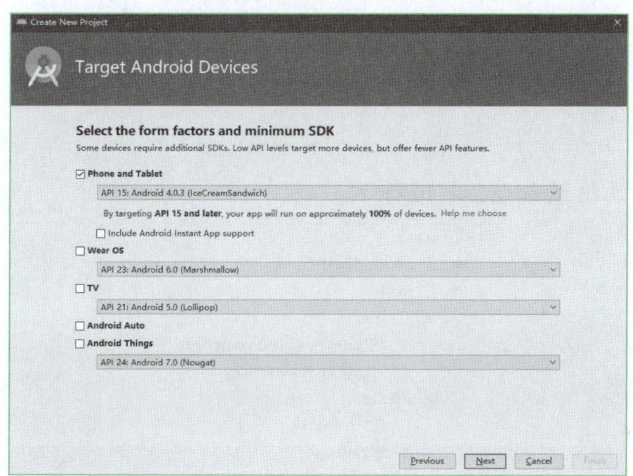

图 2-1-9　Target Android Devices 界面

（3）出现Add an Activity to Mobile界面，选择Empty Activity模板，单击Next按钮，如图2-1-10所示。

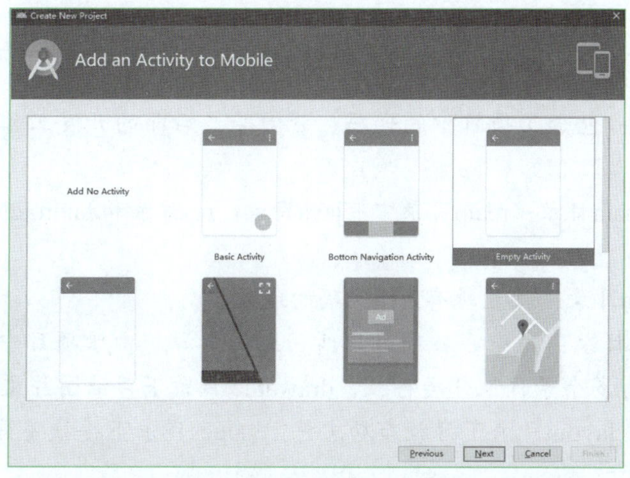

图 2-1-10　Add an Activity to Mobile 界面

（4）出现Configure Activity界面，保持Activity Name和Layout Name的默认值，单击Finish按钮，完成项目的创建，如图2-1-11所示。

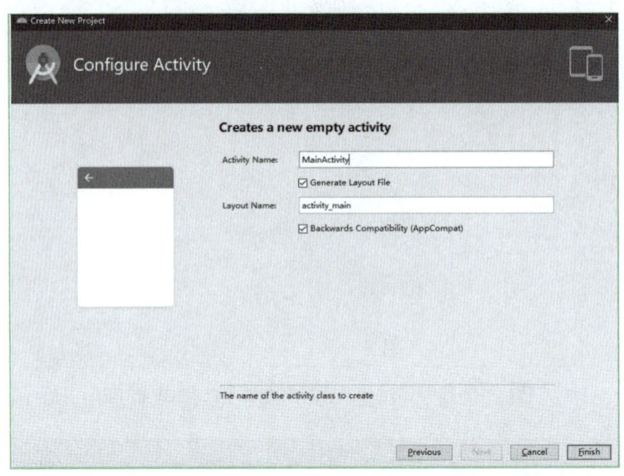

图 2-1-11　Configure Activity 界面

知识链接

项目的重点目录结构如图2-1-12所示。

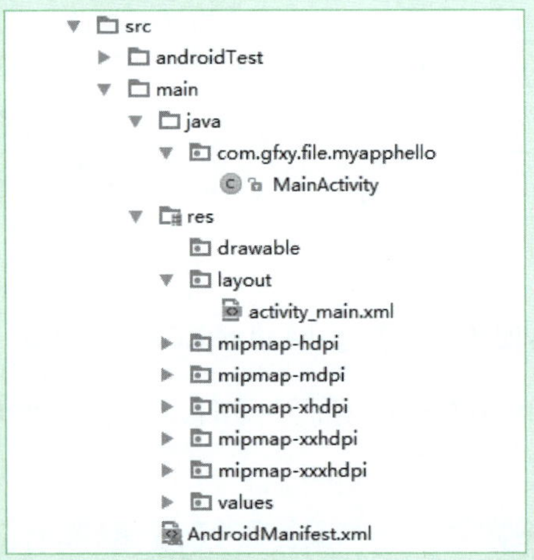

图 2-1-12　目录结构

（1）app目录：包含了项目中的代码、资源等，后面的开发工作基本都是在这个目录下进行的。

（2）app/src/main目录：main目录中有java目录、res目录和AndroidManifest.xml文件。是学习重点。

（3）main/java目录：放置所有Java代码的地方。

（4）main/res目录：用来存放项目中所用到的资源。由于项目中所使用的资源有多种类型，所以有多个子目录分类存放，drawable 目录下存储图片文件，mipmap目录下存放图标文件，layout目录下存放布局文件，values目录下存放字符串、样式、颜色等资源文件。

（5）AndroidManifest.xml：项目的清单文件，清单文件是整个程序的配置文件，文件中配置程序所需要的权限和注册程序中用到的四大组件。

步骤2： 资源导入。

主要学习Android Studio中不同资源文件的导入。

1. 导入图片资源

复制资源文件\Code\words\app\src\main\res\mipmap文件夹内的所有图片，然后在Android Studio的app\res\mipmap目录下粘贴，弹出choose Destination Directorg对话框，选择app\src\main\ res\mipmap-xhdpi目录，单击OK按钮，完成图片资源的导入，如图2-1-13所示。

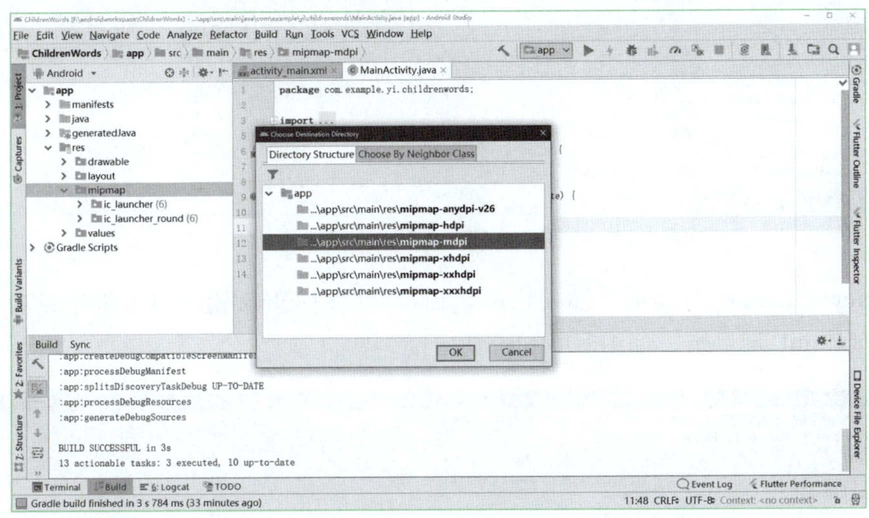

图 2-1-13　图片资源导入

2. 导入语音资源、词库数据库资源

项目在播放单词语音时所需的语音资源及锁屏界面中显示单词、词义所需的数据库资源，需要预先导入，这里将对以上两种资源的导入方法进行介绍。语音资源即SO库文件，SO库文件是一个C++函数库，位于Android中的jniLibs文件夹下。将相应的C语言打包成SO库导入lib文件夹中进行调用。

在Android下拉列表中选择Project选项，切换项目目录结构，如图2-1-14所示。

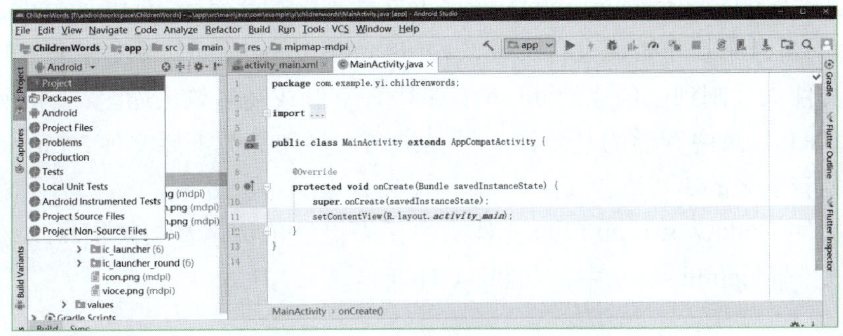

图 2-1-14　切换项目目录结构

打开ChildrenWords\app\src\main目录，右击main，在弹出的快捷菜单中选择New→Directory命令，如图2-1-15所示。

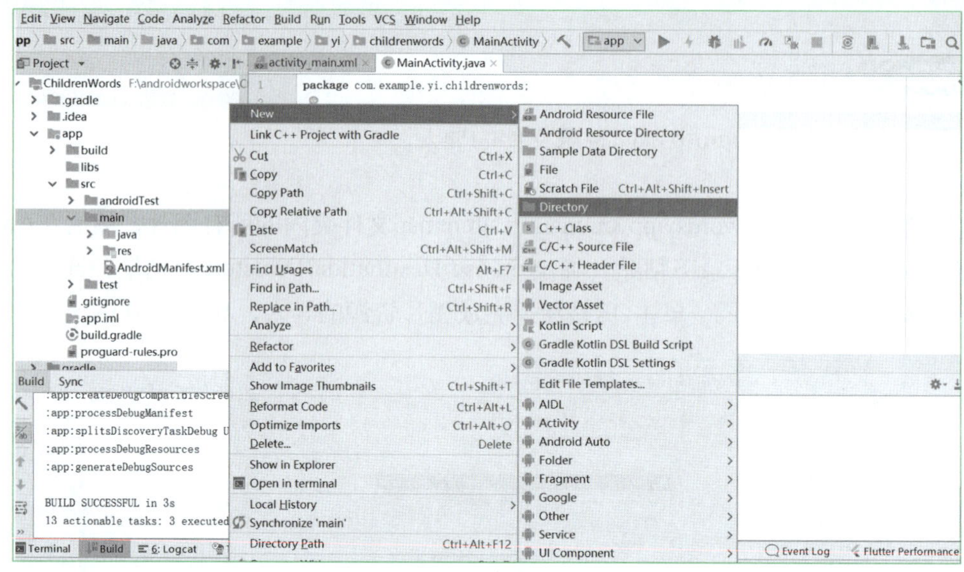

图 2-1-15　创建文件夹

弹出New Directory对话框，输入目录名assets，单击OK按钮，目录创建成功，并以同样的方式创建jniLibs目录，如图2-1-16所示。

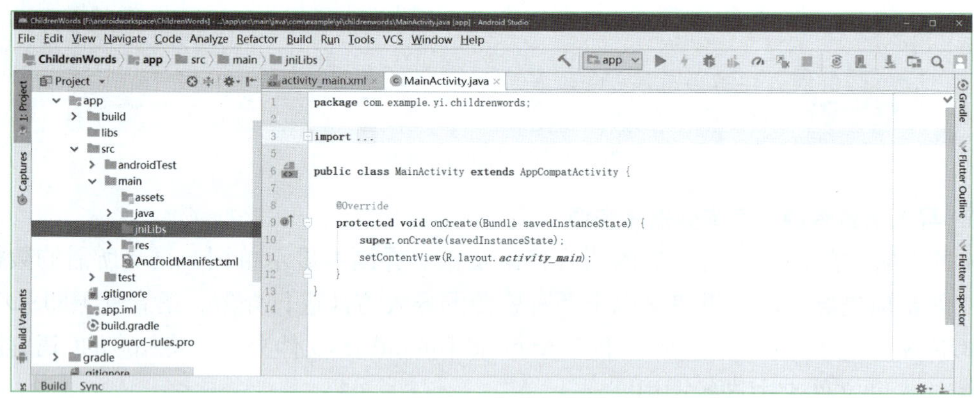

图 2-1-16　创建 jniLibs 目录

将资源文件\Code\words\app\src\main\assets文件夹中的wisdom.db和word.db文件复制到已创建的assets目录中。将资源文件\Code\words\app\src\main\jniLibs文件夹中的armeabi和armeabi-v7a文件夹复制到已创建的jniLibs目录中，复制成功后效果如图2-1-17所示。

其中，assets目录中存储的是单词、词义、名言名句等数据库文件；jniLibs目录中存储的是播放语音需要的SO库文件。

将资源文件\Code\words\app\libs文件夹中用来播放单词声音与解析assets数据的两个Jar包文件，复制到app\libs目录中，如图2-1-18所示。

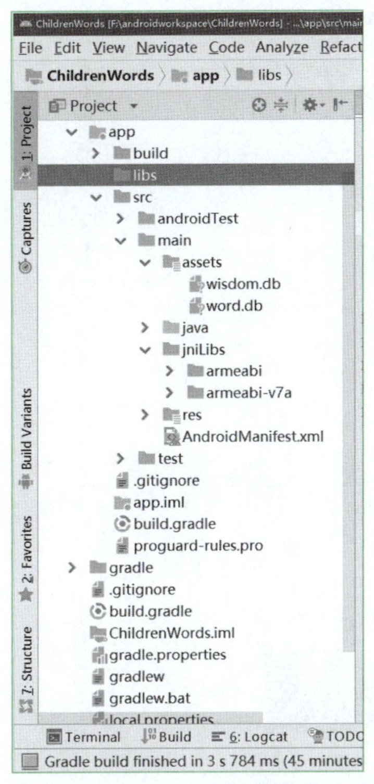

图 2-1-17　jniLibs 复制成功后效果

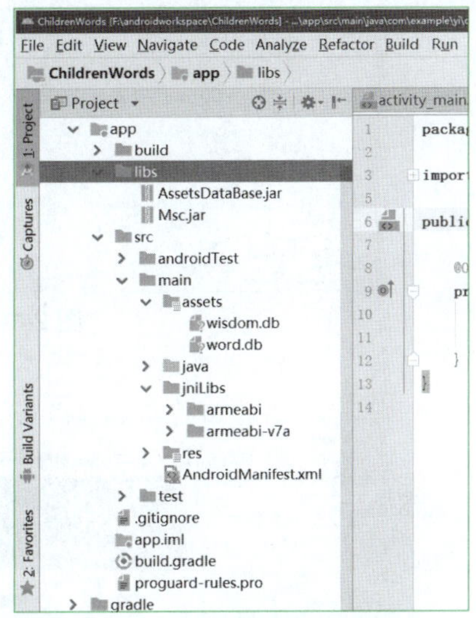

图 2-1-18　libs 复制成功后效果

单击工具栏中的Make Project文件同步按钮，将Jar包导入进来，如图2-1-19所示。

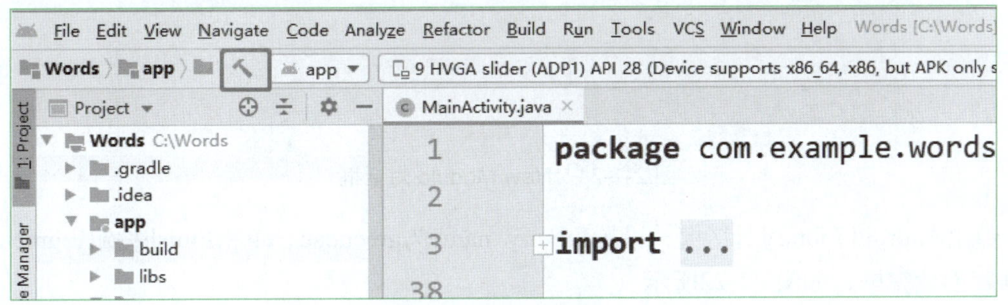

图 2-1-19　文件同步

步骤3： 创建数据库。

视　频

创建数据库（1）

主要学习Android Studio中第三方数据库的引入和数据库文件创建。

1. 创建 GreenDao 数据库

App中会用到第三方GreenDao数据库，GreenDao数据库创建的步骤如下：

右击项目名称ChildrenWords，在弹出的快捷菜单中选择New→Module命令，如图2-1-20所示。

弹出New Module对话框，选择Android Library选项，单击Next按钮，如图2-1-21所示。

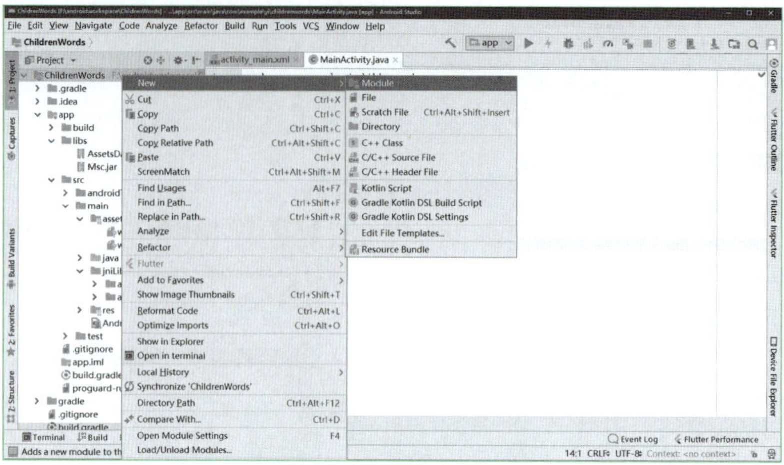

图 2-1-20　创建 Module

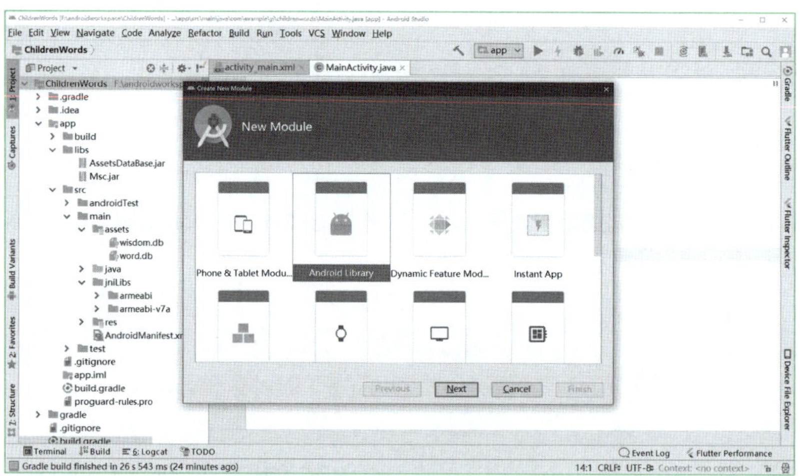

图 2-1-21　New Module 对话框

弹出Android Library对话框，设置Library name为greendao，单击Finish按钮，greendao数据库创建完毕，如图2-1-22所示。

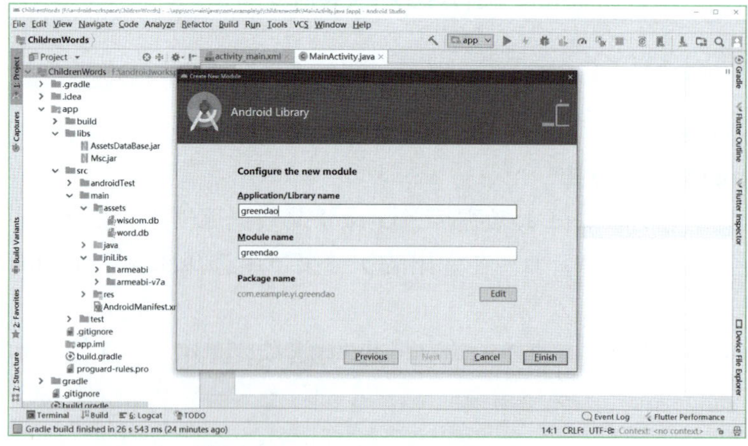

图 2-1-22　Android Library 对话框

2. 添加依赖

greendao数据库创建完成后，需要添加数据库操作的两个依赖包。注意，添加依赖包需要联网才能完成。

添加依赖包的步骤如下：

① 分别打开ChildrenWords\app和ChildrenWords\greendao目录下的build.gradle文件，并在ChildrenWords\app\build.gradle文件中添加如下代码：

```
implementation 'de.greenrobot:greendao:2.0.0'
```

② 在ChildrenWords\greendao\ build.gradle文件中添加如下代码：

```
Implementation 'de.greenrobot:greendao-generator:2.0.0 '
```

添加依赖包如图2-1-23所示。

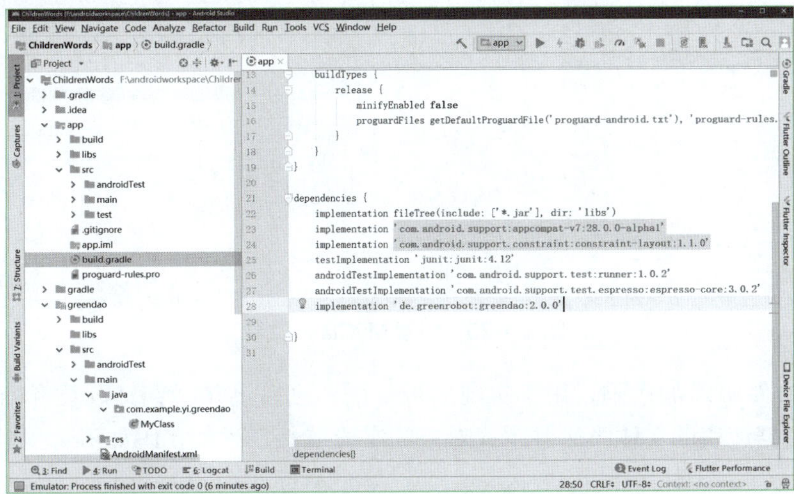

图 2-1-23　添加依赖包

③ 单击Make Project按钮，完成依赖的注入，如图2-1-24所示。

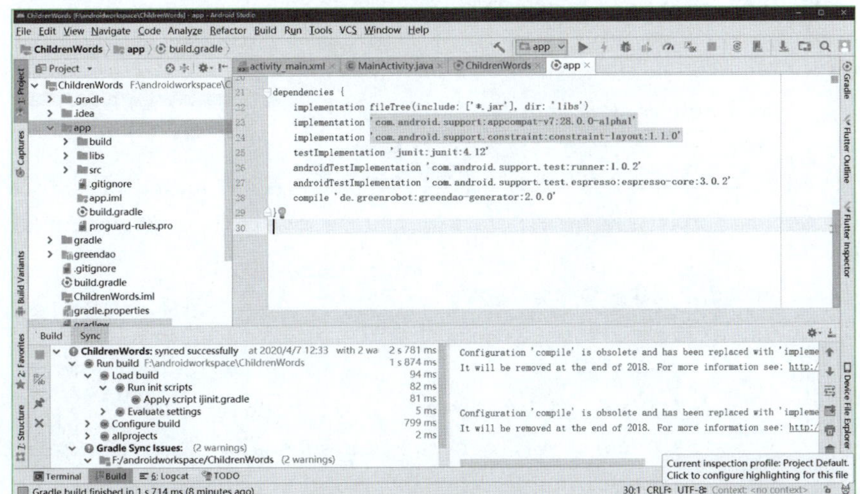

图 2-1-24　依赖的注入

注意：

这里需要使用的是 greendao 的 2.0.0 版本中的一些方法，不要改用其他版本。

3. 创建数据库解析单词的工具类

依赖注入以后，还需要创建数据库解析单词的工具类，步骤如下：

① 在greendao\src\main\java\com.example.yi.greendao目录下创建MyClass文件，如图2-1-25所示。

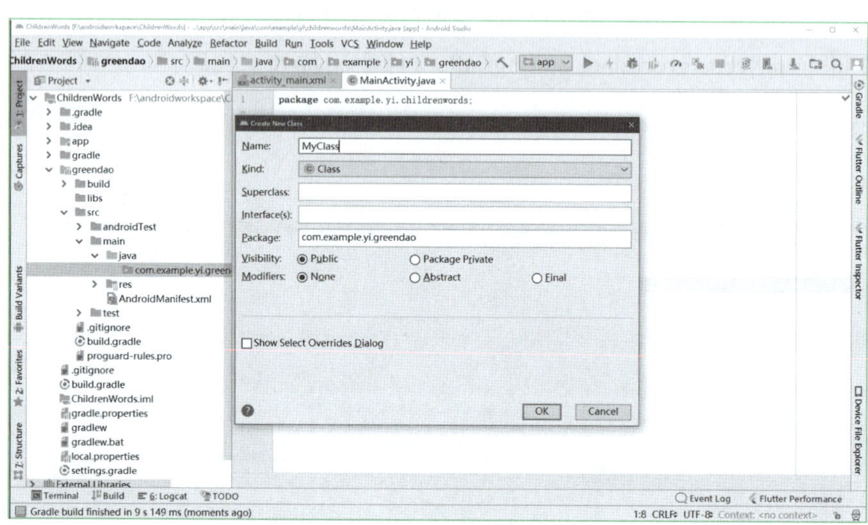

图 2-1-25　创建 MyClass 文件

② 在该文件中添加代码，用于实现解析单词、名言名句、词义以及音标的数据库工具类，创建数据库表的实体类，并生成对应的字段属性，添加代码如下：

```
package com.example.yi.greendao;
import de.greenrobot.daogenerator.DaoGenerator;
import de.greenrobot.daogenerator.Entity;
import de.greenrobot.daogenerator.Schema;
public class MyClass {
    public static void main(String[] args) {
        // 创建 Schema 对象
        // 构造方法，第一个参数为数据库版本号
        // 第二个参数为自动生成的实体类将要存放的位置，即 Android Module 包
        Schema schema = new Schema(1000,"com.example.yi.greendao.entity.
greendao");
        // 添加需要创建的实体类信息
        addNote(schema);
        try {
            // 创建实体类，第二个参数为 Android Module 的路径
            new DaoGenerator().generateAll(schema, "./app/src/main/java");
        } catch (Exception e) {
            e.printStackTrace();
```

```
        }
    }
    /**
     * 添加将要创建的实体类的信息，会根据类名生成数据库的表，属性名生成数据库的字段<p>
     * 当然如果想建多张表，可以创建多个Entity对象
     * @param schema
     */
    private static void addNote(Schema schema) {
        // 指定需要生成实体类的类名，类名确定后表名依据该类名自动命名，例如，生成的表名为WisdomEntity
        Entity entity = schema.addEntity("WisdomEntity");
        // 指定自增长主键
        entity.addIdProperty().autoincrement().primaryKey();
        // 添加类的属性，根据属性生成数据库表中的字段
        entity.addStringProperty("english");
        entity.addStringProperty("china");
        // 指定需要生成实体类的类名，类名确定后表名依据该类名自动命名
        Entity entity1 = schema.addEntity("CET4Entity");
        // 指定自增长主键
        entity1.addIdProperty().autoincrement().primaryKey();
        // 添加类的属性，根据属性生成数据库表中的字段
        entity1.addStringProperty("word");
        entity1.addStringProperty("english");
        entity1.addStringProperty("china");
        entity1.addStringProperty("sign");
    }
}
```

③ 右击My Class，在弹出的快捷菜单中选择Run 'MyClass.main()'命令，运行MyClass类，如图2-1-26所示。

视 频

创建数据库（2）

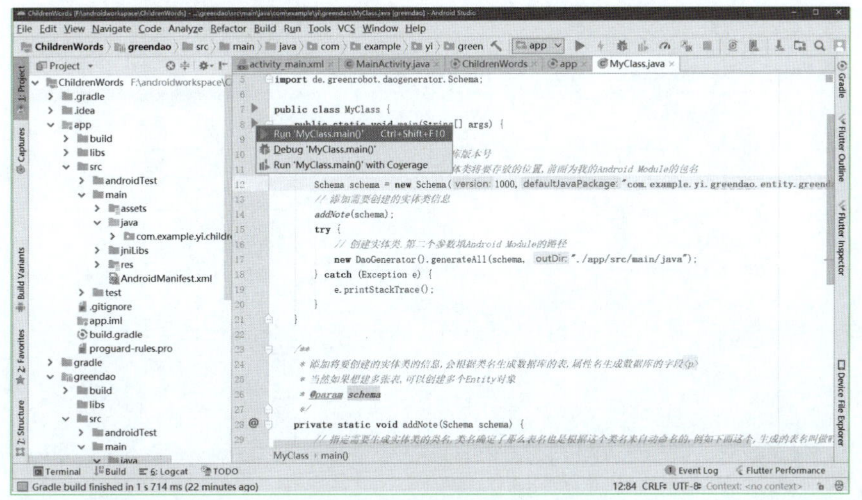

图 2-1-26 运行 MyClass 类

④ 运行后，系统根据代码中创建的数据表，在app\src\main\java\greendao.entity.greendao目录下自动生成对应的数据表文件，如图2-1-27所示。

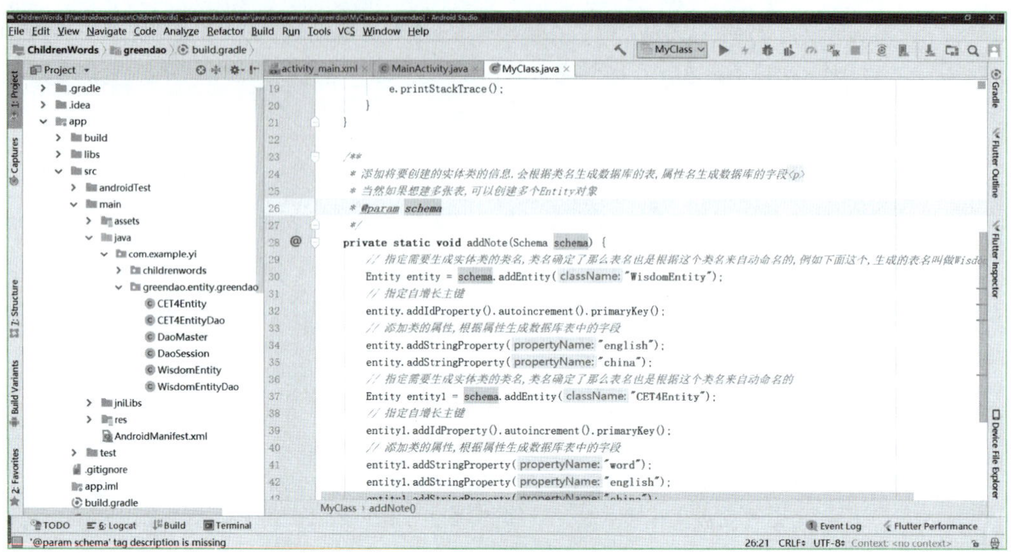

图 2-1-27　生成数据表文件

学习笔记

【项目创建与资源导入】考评记录

姓名		完成日期	
序号	考核内容	标准分	评分
1	创建项目	5	
2	熟悉项目目录结构	20	
3	掌握项目中各种资源的创建	10	
4	掌握资源的引用方法	10	
5	创建模拟器，并运行程序	20	
6	第三方框架的引入	5	
7	GreenDao数据库的创建	30	
总评分		100	

任务心得：

任务 2 锁屏界面

任务描述

情境描述	由于单词的记忆确实比较枯燥，再加之人都有惰性，经过技术人员的讨论，最终决定实现单词锁屏，通过手机解锁操作，强行达到记忆单词的目的。借助精美单词壁纸，让用户每次解锁都能学若干单词，这样实现积少成多的效果。接下来实现单词锁屏界面及界面上的功能
任务分解	分析上面的工作情境，将任务分解如下： 1．绘制锁屏界面。 2．系统时间和词义操作。 3．数据库操作。 4．手势滑动事件的监听。 5．配置Manifest权限
任务准备	**1．GreenDao** GreenDao是一个帮助Android开发者快速将Java对象映射到SQLite数据库的表单中的ORM解决方案，通过使用一个简单的面向对象API，开发者可以对Java对象进行存储、更新、删除和查询。GreenDao核心类介绍如下： • DaoMaster：GreenDao的入口。DaoMaster持有数据库对象（SQLite Database），并且管理所有的DAO类。DaoMaster中包含创建和删除表的静态方法。其中的内部类OpenHelper和DevOpenHelper都是SQLiteOpenHelper的实现，用来创建数据库表结构。 • DaoSession：用来管理DAO对象，可以通过get方法获取。DaoSession也提供一些持久化的方法，如insert、load、update、refresh、delete等。它还跟踪identity scope。 • DAO：数据访问对象（DAO）用来持久化和查询实体对象。对于每个实体对象（entity），GreenDao都生成一个对应的DAO。比DaoSession包含更多的方法，如count、loadAll、insertIntx等。 • Entities：持久化对象，通常Entities都是通过前面提到的代码生成器自动生成的，是一个标准的Java对象，用来代表数据库中的一行。 **2．需求分析** 首先需要了解系统提供的用于锁屏和解锁的类；单词锁屏界面要显示用户需要学习的单词，而单词在数据库中，需要学习GreenDao数据库操作，如读取数据库的数据；显示的单词不只一个，需要滑动屏幕切换单词，需要了解手指在屏幕滑动操作的实现；解锁手机等操作是需要权限的，需要学习权限的配置

任务目标

知识目标	1．掌握常用控件与常用布局。 2．掌握手机锁屏和解锁。 3．掌握GreenDao操作数据库。 4．掌握权限的配置。 5．掌握事件监听及响应过程

技能目标	1．能够熟练使用常用控件与常用布局搭建所需的界面。 2．能够使用GreenDao技术操作数据库。 3．能够使用配置系统需要的权限
素养目标	耐心与严谨：规范编写代码，养成添加注释的习惯，勤思考，多动手，独立解决问题，遇到困难能够迎难而上

任务实现

视　频

绘制锁屏界面

步骤1： 绘制锁屏界面。

主要学习Android页面的绘制以及对页面的初始化操作。

1．去掉锁屏界面的 ActionBar

打开res\values目录下的样式资源文件styles.xml，将DarkActionBar修改为NoActionBar，便可去掉标题栏，使界面全屏显示，如图2-2-1所示。

图 2-2-1　去掉标题栏

2．绘制锁屏界面布局

打开res\layout目录下的布局文件activity_main.xml，绘制锁屏界面的布局，修改后的代码如下：

```
<?xml version="1.0" encoding="utf-8"?>
<LinearLayout xmlns:android="http://schemas.android.com/apk/res/android"
    android:layout_width="match_parent"
    android:layout_height="match_parent"
    android:orientation="vertical"
    android:background="@mipmap/background">
    <TextView
        android:id="@+id/time_text"
        android:layout_width="match_parent"
        android:layout_height="wrap_content"
```

```
        android:layout_marginTop="40dp"
        android:gravity="center_horizontal"
        android:text="09:42"
        android:textColor="@android:color/white"
        android:textSize="50dp" />
    <TextView
        android:id="@+id/date_text"
        android:layout_width="match_parent"
        android:layout_height="wrap_content"
        android:layout_marginTop="15dp"
        android:gravity="center_horizontal"
        android:text="7月20日  星期三"
        android:textColor="@android:color/white"
        android:textSize="17dp" />
    <RelativeLayout
        android:layout_width="match_parent"
        android:layout_height="85dp"
        android:layout_marginTop="40dp">
        <TextView
            android:id="@+id/word_text"
            android:layout_width="wrap_content"
            android:layout_height="wrap_content"
            android:layout_centerHorizontal="true"
            android:text="parent"
            android:textColor="@android:color/white"
            android:textSize="50dp" />
        <ImageView
            android:id="@+id/play_vioce"
            android:layout_width="27dp"
            android:layout_height="27dp"
            android:layout_alignParentBottom="true"
            android:layout_alignParentRight="true"
            android:layout_marginRight="60dp"
            android:background="@mipmap/vioce" />
    </RelativeLayout>
    <TextView
        android:id="@+id/english_text"
        android:layout_width="match_parent"
        android:layout_height="wrap_content"
        android:layout_marginTop="5dp"
        android:gravity="center_horizontal"
        android:text="[perent]"
        android:textColor="@android:color/white"
        android:textSize="20dp" />
    <RadioGroup
```

```
        android:id="@+id/choose_group"
        android:layout_width="wrap_content"
        android:layout_height="wrap_content"
        android:layout_gravity="center_horizontal"
        android:layout_marginTop="40dp"
        android:orientation="vertical">
        <RadioButton
            android:id="@+id/choose_btn_one"
            android:layout_width="wrap_content"
            android:layout_height="wrap_content"
            android:text="A: 兄弟 "
            android:button="@null"
            android:textColor="@android:color/white"
            android:textSize="20sp" />
        <RadioButton
            android:id="@+id/choose_btn_two"
            android:layout_width="wrap_content"
            android:layout_height="wrap_content"
            android:layout_marginTop="20dp"
            android:text="B: 姐妹 "
            android:button="@null"
            android:textColor="@android:color/white"
            android:textSize="20sp" />
        <RadioButton
            android:id="@+id/choose_btn_three"
            android:layout_width="wrap_content"
            android:layout_height="wrap_content"
            android:layout_marginTop="20dp"
            android:text="C: 父母 "
            android:button="@null"
            android:textColor="@android:color/white"
            android:textSize="20sp" />
    </RadioGroup>
</LinearLayout>
```

单击Text和Preview标签页，进行页面切换，即可预览布局效果，如图2-2-2所示。

知识链接

1）常用控件

Android提供了大量的UI控件，借助这些控件，用户可以方便地进行界面开发，几种常用控件包括：

TextView：它主要用于在界面上显示一段文本信息。

Button：继承自TextView控件，可以设置的属性和TextView差不多，最重要的作用是响应用户的一系列点击事件。

EditText：文本框，程序和用户交互的另一个重要控件，该控件允许用户输入和编辑信息。

ImageView：是加载各种图片资源的控件。

RadioButton：单选按钮，它是Button的子类，每个单选按钮都有选中和未选中两种状态。RadioButton在程序中经常与RadioGroup配合使用，实现互斥关系。

CheckBox：复选框，可以同时选中多个选项。

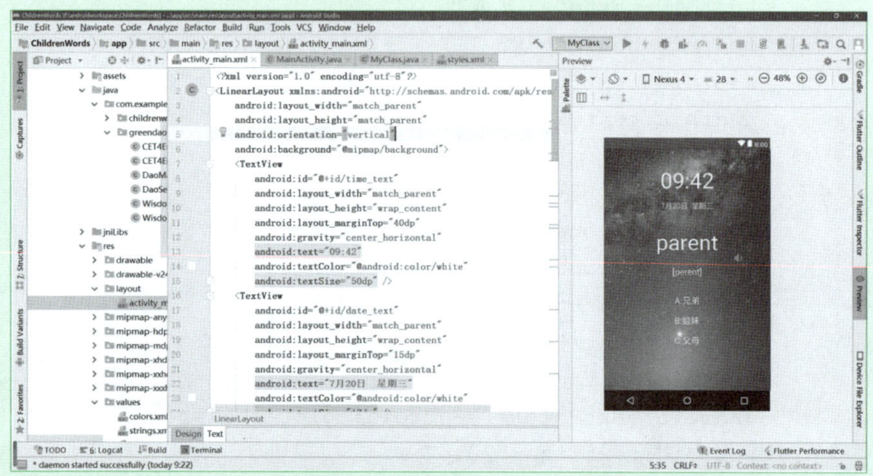

图 2-2-2　顶览布局效果

2）常用布局

布局是一种可以用来放置很多控件的容器，它可以按照一定的规律调整内部控件的位置，从而编写出漂亮的界面。

Android提供了多种布局，有相对布局、线性布局、表格布局、网络布局、帧布局、绝对布局、约束布局等。不同布局中，摆放控件所使用的规则不一样。

3. 声明控件

打开app\src\main\java\com.example.yi\childrenwords目录下的MainActivity 类，在图2-2-3所示的注释区域添加声明控件的代码。

● 视　频

声明控件

```
public class MainActivity extends AppCompatActivity {
    //此处添加需要定义的控件和变量


    @Override
    protected void onCreate(Bundle savedInstanceState) {
        super.onCreate(savedInstanceState);
        setContentView(R.layout.activity_main);
    }
}
```

图 2-2-3　声明控件的位置

此处声明的控件包括：播放语音的喇叭，显示日期、时间、单词的文本控件；单词的选项；手指在屏幕上进行操作的起始位置坐标与终止位置坐标；读取assets文件夹中数据库的管理者等。具体代码如下：

```
/**
 * 锁屏
 */
private KeyguardManager km;
private KeyguardManager.KeyguardLock kl;
private TextView timeText,dateText,wordText,englishText;
                                                      //用来显示单词和音标
private ImageView playVioce;                          //播放单词声音
private String mMonth,mDay,mWay,mHours,mMinute;       //用来显示时间
private RadioGroup radioGroup;                        //用于加载单词的三个选项
private RadioButton radioOne,radioTwo,radioThree;     //单词意思的三个选项
private SpeechSynthesizer speechSynthesizer;
                                          //合成对象，用于加载播放单词的朗读
private SharedPreferences sharedPreferences;          //定义轻量级存储类
SharedPreferences.Editor editor = null;               //编辑存储类
int j = 0;                                            //用于记录答了几道题
List<Integer> list;                                   //判断题的数目
List<CET4Entity> datas;                               //用于从数据库读出相应的词库
int k;
private SQLiteDatabase db;                            //创建数据库
private DaoMaster mDaoMaster,dbMaster;                //管理者
private DaoSession mDaoSession,dbSession;             //和数据库进行会话
private CET4EntityDao questionDao,dbDao;
                    //对应的表，由Java代码生成，对数据库内相应的表操作使用此对象
```

注意：

在开发中使用最多的快捷键为【Alt+Enter】，此快捷键可实现排错、导包以及生成方法等功能。使用方法是将鼠标移到报错的代码位置，然后按【Alt+Enter】组合键，弹出提示框，优先选择有 import class 字样的选项，就可以将自己需要的包导入进来。

4. 初始化控件

1）实现锁屏界面显示在屏幕的最上层

在onCreate()方法中添加代码，将锁屏界面的内容显示在手机屏幕的最上层，代码如下：

视 频

初始化控件

```
    getWindow().addFlags(WindowManager.LayoutParams.FLAG_SHOW_WHEN_
LOCKED| WindowManager.LayoutParams.FLAG_TURN_SCREEN_ON);
    getWindow().addFlags(WindowManager.LayoutParams.FLAG_FULLSCREEN);
```

知识链接

WindowManager.LayoutParams的FLAG_SHOW_WHEN_LOCKED含义是使得window可以在锁屏状态下显示，这个flag会使得window比keyguard或其他锁屏界面具有更高的层级，可以配合FLAG_KEEP_SCREEN_ON使用，点亮屏幕，在显示keyguard window之前显示自己的window，可以配合FLAG_DISMISS_KEYGUARD使用来自动解锁没有密码的keyguards，这个flag只能应用在最顶层的全屏window上。

FLAG_TURN_SCREEN_ON，当window被添加或者显示，系统会点亮屏幕，就好像用户唤醒屏幕一样。

2）初始化控件

在MainActivity类中添加初始化init()方法，代码如下：

```
//初始化控件
public void init() {
    sharedPreferences = getSharedPreferences("share", Context.MODE_PRIVATE);
                                                   //初始化轻量级数据库
    editor = sharedPreferences.edit();             //初始化轻量级数据库编辑器
    list = new ArrayList<Integer>();               //初始化 list
    /**
     * 添加 10 个 10 以内随机数
     **/
    Random r = new Random();
    int i;
    while (list.size() < 10) {
        i = r.nextInt(20);
        if (!list.contains(i)) {
            list.add(i);
        }
    }
    /**
     * 得到键盘锁管理对象
     **/
    km = (KeyguardManager) getSystemService(Context.KEYGUARD_SERVICE);
    kl = km.newKeyguardLock("unLock");
    // 初始化，只需要调用一次
    AssetsDatabaseManager.initManager(this);
    // 获取管理对象，因为数据库需要通过管理对象才能够获取
    AssetsDatabaseManager mg = AssetsDatabaseManager.getManager();
    // 通过管理对象获取数据库
    SQLiteDatabase db1 = mg.getDatabase("word.db");
    // 对数据库进行操作
    mDaoMaster = new DaoMaster(db1);
```

```
        mDaoSession = mDaoMaster.newSession();
        questionDao = mDaoSession.getCET4EntityDao();
        // 此 DevOpenHelper 类继承自 SQLiteOpenHelper，第一个参数为 Context，第二个
参数为数据库名字，第三个参数为 CursorFactory
        DaoMaster.DevOpenHelper helper = new DaoMaster.DevOpenHelper(this,
"wrong.db",null);
        /**
         * 初始化数据库
         **/
        db = helper.getWritableDatabase();
        dbMaster = new DaoMaster(db);
        dbSession = dbMaster.newSession();
        dbDao = dbSession.getCET4EntityDao();
        timeText=(TextView) findViewById(R.id.time_text); // 用于显示分钟绑定 id
        dateText=(TextView) findViewById(R.id.date_text); // 用于显示日期绑定 id
        wordText=(TextView) findViewById(R.id.word_text); // 用于显示单词绑定 id
        englishText=(TextView) findViewById(R.id.english_text);
                                                // 用于显示音标绑定 id
        playVioce=(ImageView) findViewById(R.id.play_vioce);
                                                // 用于播放单词的按钮绑定 id
        playVioce.setOnClickListener(this);     // 给播放单词按钮进行监听
        radioGroup=(RadioGroup) findViewById(R.id.choose_group);
                                                // 给加载单词三个选项绑定 id
        radioOne = (RadioButton) findViewById(R.id.choose_btn_one);
                                                // 给第一个选项绑定 id
        radioTwo = (RadioButton) findViewById(R.id.choose_btn_two);
                                                // 给第二个选项绑定 id
        radioThree = (RadioButton) findViewById(R.id.choose_btn_three);
                                                // 给第三个选项绑定 id
        radioGroup.setOnCheckedChangeListener(this);
                                                // 给加载单词三个选项设置监听事件
    }
```

初始化方法完成以后，需要在onCreate()方法中调用init()方法，插入位置如图2-2-4所示。

```
@Override
protected void onCreate(Bundle savedInstanceState) {
    super.onCreate(savedInstanceState);
    getWindow().addFlags(WindowManager.LayoutParams.FLAG_SHOW_WHEN_LOCKED
            | WindowManager.LayoutParams.FLAG_TURN_SCREEN_ON);
    getWindow().addFlags(WindowManager.LayoutParams.FLAG_FULLSCREEN);
    setContentView(R.layout.activity_main);      //绑定布局文件
    init();
}
```

图 2-2-4　init() 方法插入位置

3）为播放语音按钮添加单击事件

添加初始化方法后，需要给代码设置监听事件playVioce.setClickListener(this)，即为播放语音的按钮设置单击监听事件。为播放语音的按钮设置单击事件如下：

在this处按【Alt+Enter】组合键，在弹出的提示框中选择“Make 'MainActivity' implement···”选项，如图2-2-5所示。

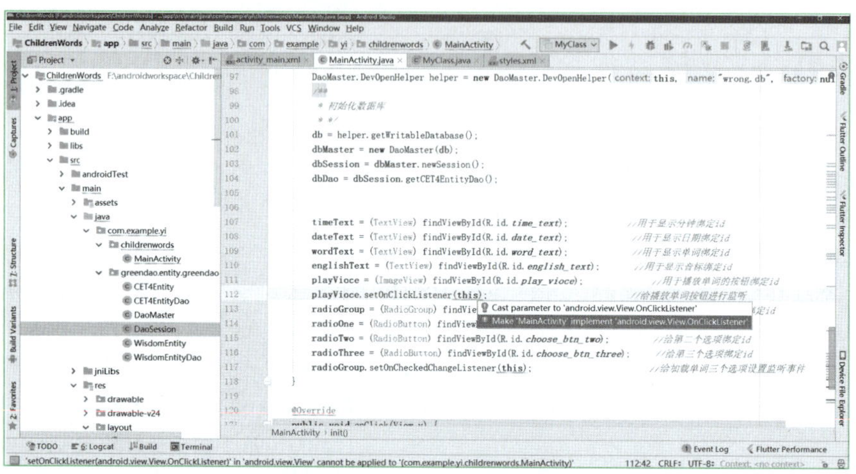

图 2-2-5　添加单击事件

弹出一个对话框，直接单击OK按钮，系统会自动生成两段代码：一是在类的头部增加了implement View.OnClickListener，实现单击事件监听代码；二是增加了onClick()单击事件空方法，在此方法中实现编写单击播放语音按钮时进行的操作。

实现接口的方法：

方法1：在类的头部手动输入代码。例如，在MainActivity类的头部加入有底色的代码"public class MainActivity implements View.OnClickListener"，然后按【Alt+Enter】组合键增加空的方法，这种方法插入代码比较复杂。

方法2：单击监听方法中的this，按【Alt+Enter】组合键，添加类的头部代码和空的方法。这种方法比较方便快捷。

然后在onClick()方法中添加代码用于播放单词的语音，并将获取到的单词字符串传到云端处理，然后返回字符串的语音，代码如下：

```
switch (v.getId()) {
    case R.id.play_vioce:                                       //播放单词声音
        String text = wordText.getText().toString();            //把单词提取出来
        speechSynthesizer.startSpeaking(text,this);             //讯飞播放声音
        break;
}
```

给语音合成器（speechSynthesizer）添加实现方法。单击图2-2-6所示的this，按【Alt+Enter】组合键，在弹出的提示框中选择“Make 'MainActivity' implement···”选项，然后弹出一个对话框，单击OK按钮即可，此时会生成语音合成器的实现方法及操作代码。

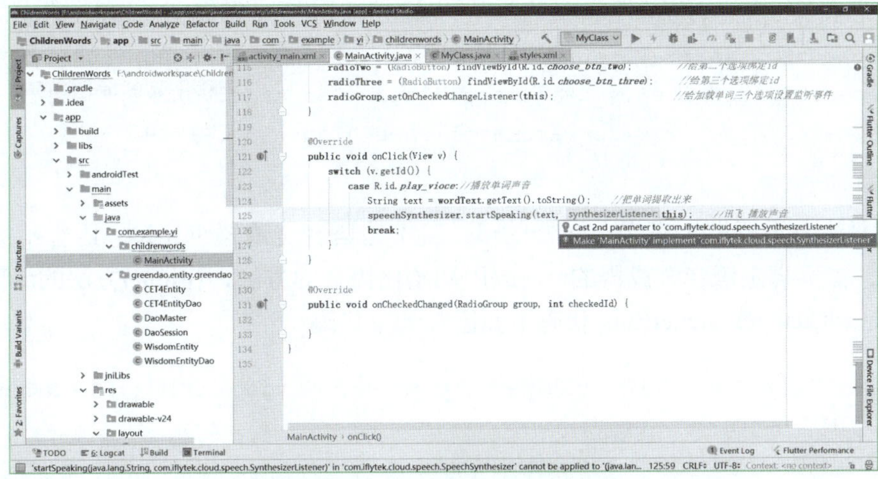

图 2-2-6　生成语音合成器代码

在生成的语音合成器的onCompleted()方法下边添加接口回调方法，包括消息回调、数据回调和结束回调。用来播放单词的声音，并初始化语音合成器，否则程序将报空指针异常。具体代码如下：

```
/**
 * 通用回调接口
 */
private SpeechListener listener = new SpeechListener() {
    // 消息回调
    @Override
    public void onEvent(int arg0,  Bundle arg1) {
        // TODO Auto-generated method stub
    }
    // 数据回调
    @Override
    public void onData(byte[] arg0) {
        // TODO Auto-generated method stub
    }
    // 结束回调（没有错误）
    @Override
    public void onCompleted(SpeechError arg0)  {
        // TODO Auto-generated method stub
    }
};
/**
 * 初始化语音播报
 */
public void setParam() {
    speechSynthesizer = SpeechSynthesizer.createSynthesizer(this);
```

```
        speechSynthesizer.setParameter(SpeechConstant.VOICE_NAME,"xiaoyan");
        speechSynthesizer.setParameter(SpeechConstant.SPEED,"50");
        speechSynthesizer.setParameter(SpeechConstant.VOLUME,"50");
        speechSynthesizer.setParameter(SpeechConstant.PITCH,"50");
    }
```

init()方法中需要绑定语音合成器的id，若不为语音合成器绑定id，语音不能正常播放。因此，需要绑定语音合成器的id，调用初始化语音的方法，在init()方法的radioGroup.setOnCheckedChangeListener(this)代码下面添加如下代码：

```
    SpeechUtility.createUtility(MainActivity.this, "appid=5fbb1b**,SpeechConstant
.FORCE_LOGIN+\"=true\"" );
    setParam();
```

注意：

ID 需要换成自己的科大讯飞 appid，必须和下载的 SDK 保持一致，否则会出现 10407 错误。

应用程序入口处调用，避免手机内存过小，杀死后台进程后通过历史intent进入Activity造成SpeechUtility对象为null。

如在Application中调用初始化，需要在Mainifest中注册该Applicaiton。

此接口在非主进程调用时会返回null对象，如需在非主进程中使用语音功能，需要增加参数：SpeechConstant.FORCE_LOGIN+"=true"，参数间使用半角“,”分隔。

设置申请的应用appid，请勿在“=”与appid之间添加空格及空转义符。

知识链接

登录科大讯飞开放平台后，进入控制台，创建一个应用，即可获取appid。

步骤2： 系统时间和词义操作。

视 频

系统时间和词义操作（1）

主要学习Android中调用系统时间的方法使用。

1. 获取并显示系统时间

首先获取手机系统的时间和日期，然后将其显示到文本控件上。在Activity的生命周期方法onStart()中调用系统的Calendar 控件，此控件中包含系统的时间、日期和星期。注意从Calendar中获取的月份是从0开始的，所以需要在获取的月份基础上加1后显示；得到的星期是数字，需进行判断后显示。具体代码如下：

```
@Override
protected void onStart() {
    super.onStart();
     /**
      * 获取系统日期并设置显示出来
```

```
 * */
Calendar calendar = Calendar.getInstance();
mMonth = String.valueOf(calendar.get(Calendar.MONTH) + 1);
                                                // 获取日期的月
mDay = String.valueOf(calendar.get(Calendar.DAY_OF_MONTH));
                                                // 获取日期的天
mWay = String.valueOf(calendar.get(Calendar.DAY_OF_WEEK));
                                                // 获取日期的星期
 /**
  * 如果小时是个位数
  * 则在前面加个 "0"
  **/
 if (calendar.get(Calendar.HOUR) < 10) {
     mHours = "0" + calendar.get(Calendar.HOUR);
 } else {
     mHours = String.valueOf(calendar.get(Calendar.HOUR));
 }
 /**
  * 如果分钟是个位数
  * 则在前面加个 "0"
  **/
 if (calendar.get(Calendar.MINUTE) < 10) {
     mMinute = "0" + calendar.get(Calendar.MINUTE);
 } else {
     mMinute = String.valueOf(calendar.get(Calendar.MINUTE));
 }
 /**
  * 获取星期
  * 并设置出来
  **/
 if ("1".equals(mWay)) {
     mWay = "天";
 } else if ("2".equals(mWay)) {
     mWay = "一";
 } else if ("3".equals(mWay)) {
     mWay = "二";
 } else if ("4".equals(mWay)) {
     mWay = "三";
 } else if ("5".equals(mWay)) {
     mWay = "四";
 } else if ("6".equals(mWay)) {
     mWay = "五";
 } else if ("7".equals(mWay)) {
     mWay = "六";
```

```
        }
        timeText.setText(mHours + ":" + mMinute);
        dateText.setText(mMonth +"月" + mDay + "日" + " " + "星期" + mWay);
    }
```

运行后实现的效果如图2-2-7所示。

图 2-2-7　运行效果

注意：

如果 App 安装到模拟器时出现 INSTALL_FAILED_NO_MATCHING_ABIS 提示，需要在 ChildrenWords\app\build.gradle 文件的 android 模块中添加如下代码：

```
splits {
    abi {
        enable true
        reset()
        include 'x86','armeabi-v7a','x86_64'
        universalApk true
    }
}
```

2. 实现选择词义操作

添加系统时间后，下一步需要对选择词义进行操作。

界面出现单词与词义时，选择与单词对应的词义。当选择正确时，单词、音标、词义均绿色显示；选择错误时，单词、音标、词义均红色显示，并将当前单词与相应的词义存入错题库中。方法如下：

在MainActivity类中创建一个名为saveWrongData()的方法，此方法用于获取答错的单词、音标和词义，并将其添加到数据库，以便跳转到错题界面时直接从数据库中读取并显示出来。代码如下：

```
    private void saveWrongData() {
        String word = datas.get(k).getWord();            // 获取答错这道题的单词
        String english = datas.get(k).getEnglish();      // 获取答错这道题的音标
        String china = datas.get(k).getChina();          // 获取答错这道题的汉语意思
        String sign = datas.get(k).getSign();            // 获取答错这道题的标记
        CET4Entity data = new CET4Entity(Long.valueOf(dbDao.count()),word,english,
china,sign);
        dbDao.insertOrReplace(data);                     // 把这些字段存到数据库
    }
```

创建名为btnGetText()的方法，用于实现当用户选择词义时，判断选择是否正确，如果选项变成绿色则表示选择正确；如果选项变成红色则表示选择错误，在选错词义的同时将选择错的单词、音标及正确的词义自动添加到错题库中，并将错题数加1。具体代码如下：

视 频

系统时间和词义操作（2）

```
    /**
     * 设置选项的不同颜色
     */
    private void btnGetText(String msg,RadioButton btn) {
        /**
         * 答题正确时设置为绿色，答题错误时设置为红色。效果如图 2-2-8 所示
         * */
        if (msg.equals(datas.get(k).getChina())) {
            wordText.setTextColor(Color.GREEN);              // 设置单词为绿色
            englishText.setTextColor(Color.GREEN);           // 设置音标为绿色
            btn.setTextColor(Color.GREEN);                   // 设置选项为绿色
            Log.e("答对啦----", "----------------------");
        } else {
            wordText.setTextColor(Color.RED);                // 设置单词为红色
            englishText.setTextColor(Color.RED);             // 设置音标为红色
            btn.setTextColor(Color.RED);                     // 设置选项为红色
            saveWrongData();                                 // 执行存入错题的方法
            // 保存到数据库
            int wrong = sharedPreferences.getInt("wrong",0);// 从数据库中取出数据
            editor.putInt("wrong",wrong + 1);                // 错题数量写入数据库
            editor.putString("wrongId",", " + datas.get(j).getId());
                                                             // 试题编号写入错题库
            editor.commit();                                 // 保存
            Log.e("错题数-----",sharedPreferences.getInt("wrong",0)+"" );
        }
    }
```

图 2-2-8　用户选择词义效果

3. 监听用户对单选按钮的操作

找到init()初始化方法，为方法中的radioGroup实现单击监听事件，即为包含3个词义选项的父类实现监听事件。单击图3.42所示的this，按【Alt+Enter】组合键，在弹出的提示框中选择“Make 'MainActivity' implement…”选项，生成RadioGroup监听的方法，如图2-2-9所示。

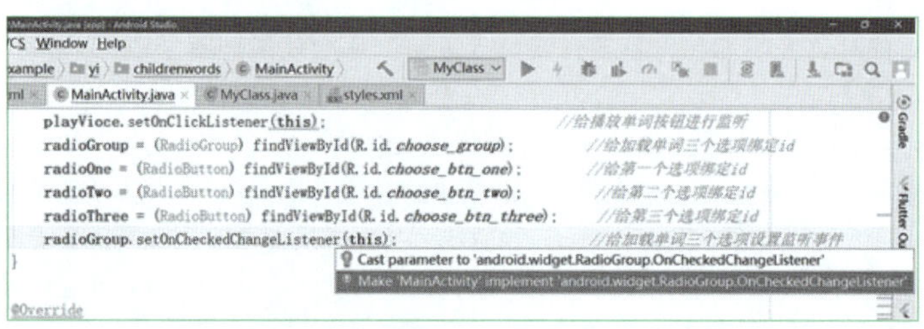

图 2-2-9　生成 RadioGroup 监听的方法

在系统生成的监听方法onCheckedChanged()中添加词义选项的单击事件，添加的位置如图2-2-10所示。其方法中的两个参数分别为group（包含子类的父布局）与checkerId（子类的id，用于绑定对应子类的radioButton）。

图 2-2-10　添加词义选项代码的位置

实现词义选项的单击事件，默认父类的radiogroup不被选中，锁屏界面显示的每个单词的三个选项同时出现，将用户选择的词义与数据库的词义进行对比，对比正确则显示绿色，否则显示红色（注：此处词义颜色的变化调用了步骤2中颜色设置的方法），具体代码如下：

```
/**
 * 选项的单击事件
 */
radioGroup.setClickable(false);                          //默认选项未被选中
switch (checkedId) {                                     //选项的点击事件
    case R.id.choose_btn_one:                            //单击A选项
        //截取字符串
        String msg = radioOne.getText().toString().substring(3);
        btnGetText(msg,radioOne);                        //将参数传入到对应的方法中
        break;
    case R.id.choose_btn_two:                            //单击B选项
        //截取字符串
        String msg1 = radioTwo.getText().toString().substring(3);
        btnGetText(msg1,radioTwo);                       //将参数传入到对应的方法中
        break;
    case R.id.choose_btn_three:                          //单击C选项
        //截取字符串
        String msg2 = radioThree.getText().toString().substring(3);
        btnGetText(msg2, radioThree);                    //将参数传入到对应的方法中
        break;
}
```

步骤3： 数据库操作。

视 频

数据库操作

主要学习Android中数据库操作。

1. 设置锁屏界面文本默认颜色

设置每次从数据库获得数据（包含单词、音标和词义）的字体颜色默认为白色，如图2-2-11所示。

图 2-2-11 设置锁屏界面文本默认颜色

在开启锁屏界面和手势判断获取下一题时，单词、音标和词义的字体颜色默认都为白色，具体代码如下：

```
/**
 * 还原单词与选项的颜色
```

```
 */
private void setTextColor() {
    //还原单词选项的颜色
    radioOne.setChecked(false);          //默认不被选中
    radioTwo.setChecked(false);          //默认不被选中
    radioThree.setChecked(false);        //默认不被选中
    /** 将选项的按钮设置为白色 */
    radioOne.setTextColor(Color.parseColor("#FFFFFF"));
    radioTwo.setTextColor(Color.parseColor("#FFFFFF"));
    radioThree.setTextColor(Color.parseColor("#FFFFFF"));
    wordText.setTextColor(Color.parseColor("#FFFFFF"));        //将单词设置为白色
    englishText.setTextColor(Color.parseColor("#FFFFFF"));   //将音标设置为白色
}
```

2. 解锁方法

创建unlocked()方法，该方法在屏幕右滑或达到设置的答题数量时执行，实现从锁屏界面到手机界面的功能，代码如下：

```
 /**
  * 解锁
  */
private void unlocked() {
    Intent intent1 = new Intent(Intent.ACTION_MAIN); //界面跳转
    intent1.setFlags(Intent.FLAG_ACTIVITY_NEW_TASK);
    intent1.addCategory(Intent.CATEGORY_HOME);         //进入手机桌面
    startActivity(intent1);                            //启动
    kl.disableKeyguard();                              //解锁
    finish();                                          //销毁当前的 activity
}
```

3. 读取数据库

读取数据库的实现。每次显示的单词都是随机的，随机生成几个数，因为在数据库中只录入20条数据，所以随机数是20以内的数。单词下方的词义，即A、B、C三个选项的文字为数据库中正确的词义、正确的前一个单词词义与正确的后一个单词词义。具体实现代码如下：

```
/**
 * 设置选项
 */
private void setChina(List<CET4Entity> datas,int j) {
/**
 * 随机产生几个随机数，产生的随机数用于解锁单词
 * 因为此 demo 输入数据库中 20 个单词，所以产生的随机数是 20 以内的数
 **/
    Random r = new Random();
    List<Integer> listInt = new ArrayList<>();
```

```
        int i;
        while (listInt.size() < 4) {
            i = r.nextInt(20);
            if (!listInt.contains(i)) {
                listInt.add(i);
            }
        }
        /**
         * 以下的判断是给这个单词设置三个选项，设置单词选项是有规律的
         * 三个选项分别是正确的、正确的前一个、正确的后一个
         * 将这三个解释设置到单词的选项上，以下为实现逻辑
         * */
        if (listInt.get(0) < 7) {
            radioOne.setText("A:"+ datas.get(k).getChina());
            if (k - 1 >= 0) {
                radioTwo.setText("B:"+ datas.get(k - 1).getChina());
            } else {
                radioTwo.setText("B:"+ datas.get(k + 2).getChina());
            }
            if (k + 1 < 20) {
                radioThree.setText("C:"+ datas.get(k + 1).getChina());
            } else {
                radioThree.setText("C:"+ datas.get(k - 1).getChina());
            }
        } else if (listInt.get(0) < 14) {
            radioTwo.setText("B:"+ datas.get(k).getChina());
            if (k - 1 >= 0) {
                radioOne.setText("A:"+ datas.get(k - 1).getChina());
            } else {
                radioOne.setText("A:"+ datas.get(k + 2).getChina());
            }
            if (k + 1 < 20) {
                radioThree.setText("C:"+ datas.get(k + 1).getChina());
            } else {
                radioThree.setText("C:"+ datas.get(k - 1).getChina());
            }
        } else {
            radioThree.setText("C: " + datas.get(k).getChina());
            if (k - 1 >= 0) {
                radioTwo.setText("B: " + datas.get(k - 1).getChina());
            } else {
                radioTwo.setText("B: " + datas.get(k + 2).getChina());
            }
            if (k + 1 < 20) {
                radioOne.setText("A: " + datas.get(k + 1).getChina());
            } else {
                radioOne.setText("A: " + datas.get(k - 1).getChina());
            }
        }
    }
```

从数据库中随机获取单词及音标数据，并将其显示到相应的文本控件上。此方法调用了步骤1设置选项的方法显示单词的三个词义选项。实现代码如下：

```
/**
* 获取数据库数据
*/
private void getDBData() {
    datas = questionDao.queryBuilder().list();          //把词库中的单词读出来
    k = list.get(j);
    wordText.setText(datas.get(k).getWord());           //设置单词
    englishText.setText(datas.get(k).getEnglish());     //设置音标
    setChina(datas,k);                                  //设置单词的三个词义选项
}
```

4. 手势滑动操作时，新单词获取

在手势滑动部分中，手指左滑时调用此方法获取下一个单词，并使单词、音标词义显示默认的白色。此步骤调用步骤2中显示单词词义的方法，实现代码如下：

```
/**
 * 获取下一题
 */
private void getNextData() {
    j++;                                    //当前已做题的数目
    int i = sharedPreferences.getInt("allNum",2);     //默认解锁题数目为 2 道
    if (i > j) {                            //判断设定的解锁题数目与当前已做题的数目大小关系
        getDBData();                        //获取数据
        setTextColor();                     //设置颜色
        //已经学习的单词量加一
        int num = sharedPreferences.getInt("alreadyStudy", 0) + 1;
        editor.putInt("alreadyStudy", num);
        editor.commit();                    //存到数据库里面
    } else {
        unlocked();                         //解锁
    }
}
```

视 频

手势滑动事件监听

步骤4： 手势滑动事件监听。

主要学习Android手指在屏幕操作时实现的功能。

手势滑动事件是指手在屏幕上向不同的方向滑动将执行不同的操作，用于实现不同的功能，代码添加位置如图2-2-12所示。

```
        englishText.setText(datas.get(k).getEnglish()); //设置音标
        setChina(datas, k);                        //设置单词的三个词义选项
    }

    //此处添加手势滑动监听

    /**
     * 获取下一题
     */
    private void getNextData() {
```

图 2-2-12　手势滑动事件代码的添加位置

实现原理：手指单击屏幕时获取手指此时的坐标点，当手指离开时再获取离开时的坐标点，两个坐标点相减，从而判断手势滑动方向。具体代码如下：

```
/**
 * 重写 activity 的 onTouchEvent() 方法
 * 监听滑动事件
 */
    @Override
    public boolean onTouchEvent(MotionEvent event) {
        if (event.getAction() == MotionEvent.ACTION_DOWN) {
            // 当手指按下时 (x, y) 坐标
            x1 = event.getX();
            y1 = event.getY();
        }
        if (event.getAction() == MotionEvent.ACTION_UP) {
            // 当手指离开时 (x, y) 坐标
            x2 = event.getX();
            y2 = event.getY();
            if (y1 - y2 > 200) {                          // 向上滑
                                                          // 已掌握单词数量加一
                int num = sharedPreferences.getInt("alreadyMastered",0) + 1;
                editor.putInt("alreadyMastered",num); // 输入到数据库
                editor.commit();                          // 保存
                Toast.makeText(this," 已掌握 ",Toast.LENGTH_SHORT).show();
                                                          // 弹出提示
                getNextData();                            // 获取下一条数据
            } else if (y2 - y1 > 200) {                   // 向下滑
                Toast.makeText(this," 待加功能 ......", Toast.LENGTH_SHORT).show();
            } else if (x1 - x2 > 200) {                   // 向左滑
                getNextData();                            // 获取下一条数据
            } else if (x2 - x1 > 200) {                   // 向右滑
                unlocked();                               // 解锁
            }
        }
        return super.onTouchEvent(event);
    }
```

在定义控件和变量处，定义如下代码：

```
private float x1,x2,y1,y2;
```

实现onTouchEvent()方法后，将在Activity的onStart()方法的生命周期中调用。在锁屏界面显示同步系统时间时获取系统文件，并显示在相应的文本控件上，添加位置如图2-2-13所示，代码如下：

```
getDBData();            // 获取数据文件方法
```

```
timeText.setText(mHours + ":" + mMinute);
dateText.setText(mMonth + "月" + mDay + "日" + "
//此处添加调用获取数据文件方法的代码
```

图 2-2-13　获取系统文件代码的添加位置

步骤5： 配置Manifest权限。

视　频

配置Mainfest权限

主要学习Android中如何添加用户权限。

权限是一种安全机制，防止软件未经用户许可随意去执行一些操作。在使用App时经常会向用户申请某些访问权限，例如调用手机话筒、申请手机定位、获取通信录等权限，只有用户同意，App才可执行相应操作，这就是每个App都需要添加权限的原因。添加权限可以在AndroidManifest中实现。在AndroidManifest中配置权限的步骤如下：

（1）找到app/src/main目录下的AndroidManifest.xml文件，如图2-2-14所示。

（2）打开AndroidManifest.xml文件，文件中的代码（见图2-2-15）及其修改步骤如下所示。

图 2-2-14　AndroidManifest.xml 文件位置

```
<manifest xmlns:android="http://schemas.android.com/ap
    package="com.example.yi.childrenwords">
<!--  此处添加手机权限  -->
    <uses-permission android:name="android.permission.
    <!-- android:icon=设置app图标
         android:label设置app名称
    -->
    <application
        android:allowBackup="true"
        android:icon="@mipmap/ic_launcher"
        android:label="ChildrenWords"
        android:roundIcon="@mipmap/ic_launcher_round"
        android:supportsRtl="true"
        android:theme="@style/AppTheme">
        <!--    此处添加播放语音端口 -->
        <activity android:name=".MainActivity">
```

图 2-2-15　AndroidManifest.xml 文件

① 在添加权限位置添加所需权限，代码如下：

```
<!-- 允许解锁的权限 -->
<uses-permission android:name="android.permission.DISABLE_KEYGUARD" />
<!-- 允许访问网络权限 -->
<uses-permission android:name="android.permission.INTERNET" />
<!-- 允许程序访问有关 GSM 网络信息 -->
<uses-permission android:name="android.permission.ACCESS_NETWORK_STATE" />
```

② App图标处改为"@mipmap/icon"。

③ App名称处改为"锁屏背单词"。

④ <application>标签中添加如下内容：

```
<meta-data
    android:name="com.google.android.gms.version"
    android:value="8115000" />
```

此时锁屏界面的代码编写完毕，运行程序，观察显示的时间与手机的时间是否一致；单击小喇叭，（需要在连接网络的情况下）是否播放单词发音；手指在屏幕上滑动，查看有什么效果。单击选项按钮，查看选项颜色是否发生变化。

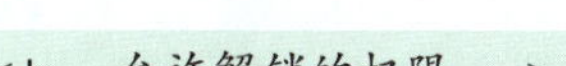

Android系统引入权限的目的是保护用户的安全和隐私。默认情况下App没有权限对其他App、操作系统和用户进行有害操作。这些有害操作包括读写用户的隐私数据（如通信录、电子邮件等）、读写其他App的文件、调用硬件设备（如蓝牙、Wi-Fi、相机等）、访问网络等。App如果想要进行这些操作，就需要申请相应的权限，https://developer.android.google.cn/reference/android/Manifest.permission网址提供了Android系统定义的所有权限，均以常量的形式供开发者使用。

安卓权限分为两类，普通权限和危险权限，两者都需要在配置文件中明确声明，但根据设备的系统版本和应用的目标SDK有不同的表现方式。普通权限不会有侵犯到用户隐私的风险，对于这种权限，只要在AndroidManifest.xml中进行声明，系统会自动授予，用户可以在应用信息中看到这些权限，但无法进行管理。危险权限是指可能会触及用户隐私或对设备安全性造成影响的权限。对于此类权限，在设备版本为5.1或更低版本，或应用的目标SDK不大于22时，在安装该程序时，会在安装界面给出提醒，用户可以清楚地知道该程序一共申请了哪些权限，从而决定是否安装这个程序；而当设备系统为6.0及以上，或应用的目标SDK为23及更高时，用户不需要在安装软件时一次性授权所有申请的权限，可以在软件的使用过程中再对某一项权限申请进行授权。应用中添加此类权限，不仅需在配置文件中声明权限，在运行时也应进行权限请求。

在清单文件中声明权限，在<manifest>标签中声明：

```
<uses-permission android:name= "android.permission.WRITE_EXTERNAL_STORAGE"/>
```

用于动态申请权限：

```
    if(ContextCompat.checkSelfPermission(MainActivity.this,Manifest.
permission. WRITE_EXTERNAL_STORAGE)!=PackageManager.PERMISSION_GRANTED){
            ActivityCompat.requestPermissions(MainActivity.this,new
String[]{Manifest.permission.SWRITE_EXTERNAL_STORAGE},1);
    }
    @Override
    public void onRequestPermissionsResult(int requestCode, @NonNull
String[] permissions, @NonNull int[] grantResults) {
        switch(requestCode){
            case 1:
                if(grantResults.length>0&&grantResults[0]!=PackageManag
er.PERMISSION_GRANTED){
                    Toast.makeText(this,"拒绝权限将无法使用程序", Toast.
LENGTH_SHORT).show();
                }else{
                    //权限被授予了
                    break;
            }
        }
    }
```

学习笔记

任务考评

【锁屏界面】考评记录

姓名		完成日期	
序号	考核内容	标准分	评分
1	代码实现解锁屏	10	
2	GreenDao数据库框架的使用	40	
3	屏幕滑动操作监听	20	
4	项目中权限的添加	20	
5	单词选项的获取	10	
总评分		100	

任务心得：

任务 3 复习界面

任务描述

情境描述	学习过程中，需要了解自己当前学习情况，以制订下一步学习计划，技术人员通过分析决定，开发界面显示总共学习单词数量，已掌握单词数量，答错单词数量及难度信息
任务分解	分析上面的工作情境，将任务分解如下： 1. 复习界面布局。 2. 实现复习界面功能

任务准备

1. Fragment

Fragment 表示应用界面中可重复使用的一部分。Fragment 定义和管理自己的布局，具有自己的生命周期，并且可以处理自己的输入事件。Fragment 不能独立存在，而是必须由 Activity 或另一个 Fragment 托管。Fragment 的视图层次结构会成为宿主的视图层次结构的一部分，或附加到宿主的视图层次结构。

Fragment允许将界面划分为离散的区块，从而将模块化和可重用性引入 Activity 的界面。Activity 是围绕应用的界面放置全局元素（如抽屉式导航栏）的理想位置。相反，Fragment 更适合定义和管理单个屏幕或部分屏幕的界面。将界面划分为 Fragment 可更轻松地在运行时修改 Activity 的外观。当 Activity 处于 STARTED 生命周期状态或更高的状态时，可以添加、替换或移除 Fragment。Fragment效果如图2-3-1所示。

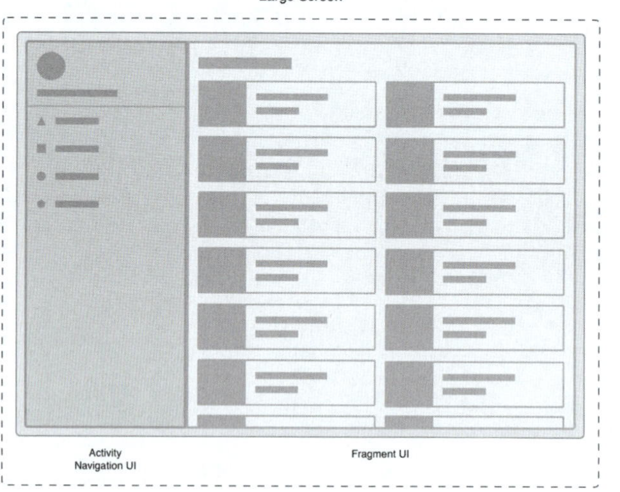

图 2-3-1 Fragment 效果

2. 添加 Fragment 到 Activity

添加Fragment到Activity有以下两种方法：

（1）通过XML方式：

```
<!-- res/layout/example_activity.xml -->
<androidx.fragment.app.FragmentContainerView
```

任务准备

```
        xmlns:android="http://schemas.android.com/apk/res/android"
        android:id="@+id/fragment_container_view"
        android:layout_width="match_parent"
        android:layout_height="match_parent"
    android:name="com.example.ExampleFragment" />
```

以上android:name属性定义了Fragment的类名称，当Activity的布局被渲染时，该Fragment在onInflate()方法中被实例化。

（2）动态加载Fragment方式：

动态加载Fragment需要在Activity中定义碎片容器，碎片容器可以是FrameLayout或者FragmentContainerView。

```
<!-- res/layout/example_activity.xml -->
<androidx.fragment.app.FragmentContainerView
    xmlns:android="http://schemas.android.com/apk/res/android"
    android:id="@+id/fragment_container_view"
    android:layout_width="match_parent"
    android:layout_height="match_parent" />
```

然后在Activity中使用碎片事务来添加、替换、移除碎片，如下所示：

```
public class ExampleActivity extends AppCompatActivity {
    public ExampleActivity() {
        super(R.layout.example_activity);
    }
    @Override
    protected void onCreate(Bundle savedInstanceState) {
        super.onCreate(savedInstanceState);
        if (savedInstanceState == null) {
            getSupportFragmentManager().beginTransaction()
                .setReorderingAllowed(true)
                .add(R.id.fragment_container_view, ExampleFragment.
class, null)
                .commit();
        }
    }
}
```

3. 需求分析

当前界面显示的信息比较多，为了使信息显示得合理、清晰，搭建界面布局时需要用布局嵌套实现，首先要理解布局的嵌套关系。

随着用户的操作需要将信息进行统计、显示，并且存储。本项目中选中偏好参数存储这些信息，需要学习偏好参数的存储与读取。

界面显示名人名言，数据需要从数据库中读取，错题需要创建错题库保存，需要学习GreenDao操作数据库。

复习界面用Fragment实现，需要学习Fragment的创建与加载，以及具体的操作

任务目标

知识目标	1．掌握布局嵌套使用。 2．掌握GreenDao操作数据库。 3．掌握Fragment的使用
技能目标	1．能够熟练使用布局间嵌套实现复杂界面搭建。 2．能够使用GreenDao技术创建数据库及操作数据库。 3．能够使用Fragment搭建复杂界面
素养目标	耐心与严谨：规范编写代码，养成添加注释习惯，勤思考，多动手，独立解决问题，遇到困难能够迎难而上

任务实现

视　频

复习界面布局

步骤1： 复习界面布局搭建。

主要学习Android Studio中在布局界面上显示内容。

1. 创建复习界面的布局文件

创建布局文件的方法：打开app\src\main\res\layout目录，右击layout，在弹出的快捷菜单中选择New→XML→Layout XML File命令，如图2-3-2所示。在弹出的对话框中，输入布局文件名称study _fragment_layout，然后单击Finish按钮，完成布局文件的创建。

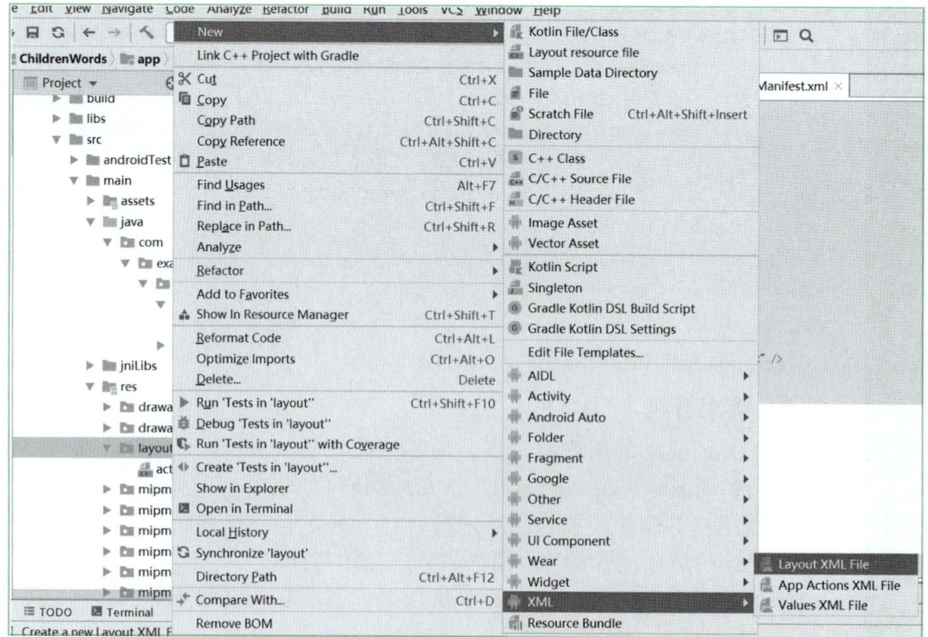

图 2-3-2　创建复习界面布局文件

复习界面布局文件创建完毕，显示文件在目录中的位置如图2-3-3所示。

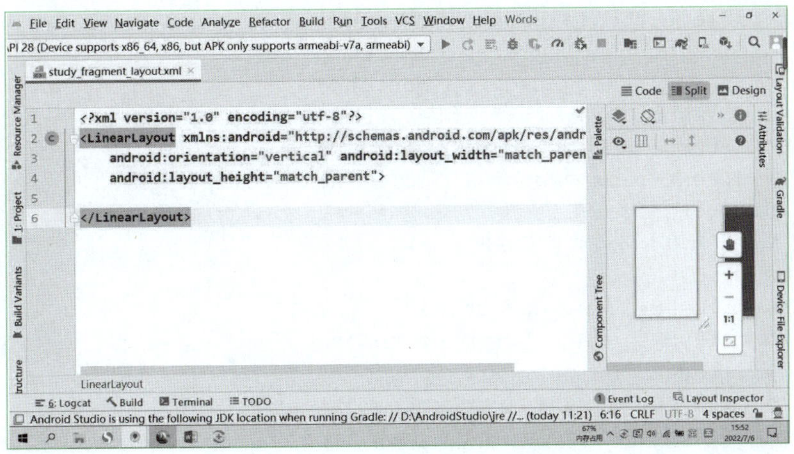

图 2-3-3　复习界面布局文件创建完毕

2. 绘制复习界面

在复习界面中显示的内容如图2-3-4所示。

在刚刚创建的复习界面布局文件中，添加线性布局代码用于绘制复习界面，并修改布局文件，修改后的代码如下：

```
<?xml version="1.0" encoding="utf-8"?>
<!-- 此界面最外层的父布局（这个是线性布局）-->
<LinearLayout xmlns:android="http://schemas.
android.com/apk/res/android"
    android:layout_width="match_parent"
    android:layout_height="match_parent"
    android:orientation="vertical">
// 此处为添加的代码
// 此处顺序添加以下步骤代码
</LinearLayout>
```

图 2-3-4　复习界面效果

复习界面绘制的步骤如下：

(1) 显示“名人名句”标题。顺序添加以下代码：

```
<!-- 用于显示 " 名人名句 " 标题的文本控件 -->
<TextView
    android:layout_width="wrap_content"
    android:layout_height="wrap_content"
    android:layout_gravity="center_horizontal"
    android:layout_marginTop="40dp"
    android:text=" 名人名句 "
    android:textSize="27sp" />
```

(2) 使用两个文本控件，分别显示中英文的名人名句的解释。顺序添加以下代码：

```
<!-- 用于显示英文名人名句的文本控件 -->
<TextView
    android:layout_marginLeft="15dp"
    android:layout_marginRight="15dp"
    android:id="@+id/wisdom_english"
```

```
        android:layout_marginTop="10dp"
        android:layout_width="wrap_content"
        android:layout_height="wrap_content"
        android:layout_gravity="center_horizontal"
        android:text="A watched pot never boils"
        android:textColor="@android:color/holo_blue_light"
        android:textSize="17sp" />
    <!-- 用于显示中文名人名句的文本控件 -->
    <TextView
        android:id="@+id/wisdom_china"
        android:layout_width="wrap_content"
        android:layout_height="wrap_content"
        android:layout_alignParentBottom="true"
        android:layout_alignParentRight="true"
        android:layout_gravity="center_horizontal"
        android:layout_marginTop="10dp"
        android:text="心急喝不了热粥"
        android:textColor="@android:color/holo_blue_light"
        android:textSize="17sp" />
```

（3）在一个相对布局中绘制出十字框，显示答错题数、掌握单词、学习难度和总共学习4个文本。顺序添加以下代码：

```
    <!-- 画十字网格的父布局（相对布局）-->
    <RelativeLayout
        android:layout_width="250dp"
        android:layout_height="250dp"
        android:layout_gravity="center_horizontal"
        android:layout_marginTop="50dp">
        <!-- 此文本用来绘制十字的竖 -->
        <TextView
            android:layout_width="1dp"
            android:layout_height="match_parent"
            android:layout_centerHorizontal="true"
            android:background="@android:color/black" />
        <!-- 此文本用来绘制十字的横 -->
        <TextView
            android:layout_width="match_parent"
            android:layout_height="1dp"
            android:layout_centerVertical="true"
            android:background="@android:color/black" />
        <!-- 用于显示"答错题数"的文本控件 -->
        <TextView
            android:layout_width="wrap_content"
            android:layout_height="wrap_content"
            android:layout_marginLeft="20dp"
            android:text="答错题数"
            android:textSize="20sp" />
```

```
<!-- 用于显示 " 掌握单词 " 的文本控件 -->
<TextView
    android:layout_width="wrap_content"
    android:layout_height="wrap_content"
    android:layout_alignParentRight="true"
    android:layout_marginRight="20dp"
    android:text=" 掌握单词 "
    android:textSize="20sp" />
<!-- 用于显示英文名人名句的文本控件 -->
<TextView
    android:layout_width="wrap_content"
    android:layout_height="wrap_content"
    android:layout_marginLeft="20dp"
    android:layout_marginTop="140dp"
    android:text=" 学习难度 "
    android:textSize="20sp" />
<!-- 用于显示 " 总共学习 " 的文本控件 -->
<TextView
    android:layout_width="wrap_content"
    android:layout_height="wrap_content"
    android:layout_alignParentRight="true"
    android:layout_marginRight="20dp"
    android:layout_marginTop="140dp"
    android:text=" 总共学习 "
    android:textSize="20sp" />
<!-- 用于显示答错题的数目的文本控件 -->
<TextView
    android:id="@+id/wrong_text"
    android:layout_width="wrap_content"
    android:layout_height="wrap_content"
    android:layout_marginLeft="25dp"
    android:layout_marginTop="60dp"
    android:text="10"
    android:textColor="@android:color/holo_blue_light"
    android:textSize="27sp" />
<!-- 用于显示 " 词 " 的文本控件 -->
<TextView
    android:layout_width="wrap_content"
    android:layout_height="wrap_content"
    android:layout_gravity="center_horizontal"
    android:layout_marginLeft="70dp"
    android:layout_marginTop="65dp"
    android:text=" 词 "
    android:textSize="20sp" />
```

```
<!-- 用于显示 " 四级英语 " 的文本控件 -->
<TextView
    android:id="@+id/difficulty_text"
    android:layout_width="wrap_content"
    android:layout_height="wrap_content"
    android:layout_marginLeft="20dp"
    android:layout_marginTop="200dp"
    android:text=" 四级英语 "
    android:textColor="@android:color/holo_blue_light"
    android:textSize="20sp" />
<!-- 用于显示总共学习的数目的文本控件 -->
<TextView
    android:id="@+id/already_study"
    android:layout_width="wrap_content"
    android:layout_height="wrap_content"
    android:layout_alignParentRight="true"
    android:layout_marginRight="60dp"
    android:layout_marginTop="200dp"
    android:text="70"
    android:textColor="@android:color/holo_blue_light"
    android:textSize="27sp" />
<!-- 用于显示 " 词 " 的文本控件 -->
<TextView
    android:layout_width="wrap_content"
    android:layout_height="wrap_content"
    android:layout_alignParentRight="true"
    android:layout_marginRight="25dp"
    android:layout_marginTop="205dp"
    android:text=" 词 "
    android:textSize="20sp" />
<!-- 用于显示掌握单词的数目的文本控件 -->
<TextView
    android:id="@+id/already_mastered"
    android:layout_width="wrap_content"
    android:layout_height="wrap_content"
    android:layout_alignParentRight="true"
    android:layout_marginRight="60dp"
    android:layout_marginTop="60dp"
    android:text="40"
    android:textColor="@android:color/holo_blue_light"
    android:textSize="27sp" />
<!-- 用于显示 " 词 " 的文本控件 -->
<TextView
    android:layout_width="wrap_content"
```

```
        android:layout_height="wrap_content"
        android:layout_alignParentRight="true"
        android:layout_marginRight="25dp"
        android:layout_marginTop="65dp"
        android:text=" 词 "
        android:textSize="20sp" />
</RelativeLayout>
```

步骤2: 实现复习界面功能。

主要学习Android Studio中界面功能的实现。

1. 创建复习界面的类文件

创建类文件的方法：打开app\src\main\java\com.example.yi.childrenwords目录，右击childrenwords，在弹出的快捷菜单中选择New→Java Class命令，如图2-3-5所示，在弹出的对话框中，输入类的名称StudyFragment，单击OK按钮，StudyFragment类文件创建成功。

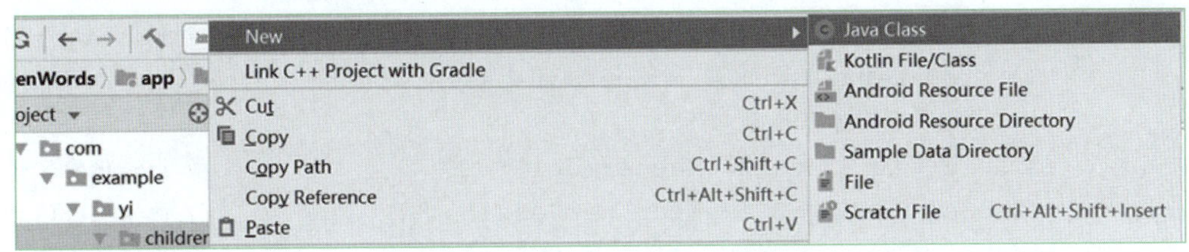

图 2-3-5 选择 Java Class 命令

2. 复习界面功能完善

在Study Fragment类中实现复习界面显示名人名句、学习难度、掌握单词的数量等功能，需在绑定id与初始化数据库后，从数据库中读取相应的数据，显示到布局的相应位置。此类继承app包下的Fragment，具体代码如下：

```
public class StudyFragment extends Fragment {
    private TextView difficultyTv,                          // 学习的难度
        wisdomEnglish,                                      // 名人名句的英语意思
        wisdomChina,                                        // 名人名句的汉语意思
        alreadyStudyText,                                   // 已经学习题数
        alreadyMasteredText,                                // 已经掌握题数
        wrongText;                                          // 答错题数
    private SharedPreferences sharedPreferences;            // 定义轻量级数据库
    private DaoMaster mDaoMaster;                           // 数据库管理者
    private DaoSession mDaoSession;                         // 与数据库进行会话
    // 对应的表，是由 Java 代码生成的，对数据库中相应的表操作使用此对象
    private WisdomEntityDao questionDao;
    public View onCreateView(LayoutInflater inflater,ViewGroup container,Bundle
            savedInstanceState) {
        View view = inflater.inflate(R.layout.study_fragment_layout, null);
                                                            // 绑定布局文件
```

```
        sharedPreferences = getActivity().getSharedPreferences("share",
                Context.MODE_PRIVATE);                    //初始化数据库
        difficultyTv = (TextView)view.findViewById(R.id.difficulty_text);
                                                          //学习难度绑定 id
        wisdomEnglish = (TextView)view.findViewById(R.id.wisdom_english);
                                                          //名人名句的英语绑定 id
        wisdomChina = (TextView)view.findViewById(R.id.wisdom_china);
                                                          //名人名句的汉语绑定 id
        alreadyMasteredText = (TextView)view.findViewById(R.id.already_mastered);
                                                          //已经掌握题数绑定 id
        alreadyStudyText = (TextView)view.findViewById(R.id.already_study);
                                                          //已经学习题数绑定 id
        wrongText = (TextView) view.findViewById(R.id.wrong_text);
        //答错题数绑定 id
        AssetsDatabaseManager.initManager(getActivity());
        // 初始化，只需要调用一次
        // 获取管理对象，因为数据库需要通过管理对象才能够获取
        AssetsDatabaseManager mg = AssetsDatabaseManager.getManager();
        SQLiteDatabase db1 = mg.getDatabase("wisdom.db");
        // 通过管理对象获取数据库
        mDaoMaster = new DaoMaster(db1);                  //初始化管理者
        mDaoSession = mDaoMaster.newSession();            //初始化会话对象
        questionDao = mDaoSession.getWisdomEntityDao();   //获取数据
        return view;
    }
    public void onStart() {
        super.onStart();
        difficultyTv.setText(sharedPreferences.getString("difficulty", "四级")
+ "英语");
                                                  //默认设置难度为四级
        List<WisdomEntity> datas = questionDao.queryBuilder().list();
                                                  //获取数据集合
        Random random = new Random();             //初始化随机数
        int i = random.nextInt(10);               //随机生成一个 10 以内的数
        //从数据库中获取到这条数据的英语
        wisdomEnglish.setText(datas.get(i).getEnglish());
        wisdomChina.setText(datas.get(i).getChina());
                                                  //从数据库中获取到这条数据的汉语
        setText();                                //设置文字
    }
    private void setText() {
        alreadyMasteredText.setText(sharedPreferences.getInt("alreadyMastered",
0) + "");
                                                  //设置已经复习的题数（数据库读取）
        alreadyStudyText.setText(sharedPreferences.getInt("alreadyStudy",
0) + "");
                                                  //设置已经学习的题数（数据库读取）
        //设置错题数（数据库读取）
```

```
        wrongText.setText(sharedPreferences.getInt("wrong",0) + "");
    }
}
```

学习笔记

【复习界面】考评记录

姓名		完成日期	
序号	考核内容	标准分	评分
1	复杂界面的搭建	40	
2	GreenDao数据库数据读取	30	
3	Fragment布局及类的编写	30	
总评分		100	
任务心得：			

任务4 设置界面

任务描述

情境描述

为了让用户更加灵活地使用App，系统需要提供给用户设置学习习惯的功能，如用户需要根据自身情况学习不同难度的单词、设置需要几道题才可以完成单词锁屏界面解锁、每日新增单词数量等。这里专门实现一个设置界面，提供用户设置选项

任务分解

分析上面的工作情境，将任务分解如下：

1. 绘制开关按钮。
2. 实现开关按钮功能。
3. 设置界面布局。
4. 实现设置界面功能

任务准备

1. 适配器

适配器是数据源和UI组件之间的桥梁。下面介绍常用的三种适配器类。

① ArrayAdapter是一个支持绑定任意对象数组到列表的数据适配器。该适配器默认的View绑定是一个TextView。当该TextView被使用时，它将调用该数组中每一个对象的toString()方法。ArrayAdapter的语法格式如下：

```
ArrayAdapter(Context context, int resource, List<T> objects)
```

各参数的说明如下：

context：上下文；

resource：布局的资源ID，实例化视图是TextView；

objects：数据集合，不能为null。

② SimpleAdapter是一个用来绑定Map类型数据的数据适配器。SimpleAdapter的语法格式如下：

```
SimpleAdapter(Context context, List <? extends Map <String, ?>>
data, int resource, String[] from, int[] to)
```

各参数的说明如下：

context：上下文；

data：需要展示的数据源，是map组成的list集合，每个Map（键-值对）中的键名必须包含在from中所指定的键；

resource：展示的布局文件，可以在layout中创建xml文件，设置需要展示的样式；

from：Map中的键名；

to：绑定数据视图的ID，与from成对应关系。

③ BaseAdapter基础数据适配器，它的主要用途是将一组数据传到ListView、Spinner、Gallery及GridView等UI显示组件。

BaseAdapter是个抽象类，需要定义一个子类继承BaseAdapter，并且实现其如下4个方法。

GetCount()：要绑定条目的数目，比如格子的数量。

任务准备

getItem()：根据一个索引（位置）获得该位置的对象。

getItemId()：获取条目的id。

getView()：将获取数据后的View组件返回，如ListView中每一行中的TextView。

adapter先从getCount()中确定数量，然后循环执行getView()方法将条目一个一个绘制出来，所以必须重写的是getCount()和getView()方法。而getItem()和getItemId()是调用某些函数时才会触发的方法，如果不需要使用可以暂时不修改。

2. Spinner

Spinner提供了从一个数据集合中快速选择一项值的办法。默认情况下Spinner显示的是当前选择的值，单击Spinner会弹出一个包含所有可选值的dropdown菜单，从该菜单中可以为Spinner选择一个新值。

Spinner下拉列表的展示方式有两种，一种是在当前下拉列表框的正下方展示列表，此时把spinnerMode属性设置为dropdown；另一种是在页面中部以对话框形式展示列表，此时把SpinnerMode属性设置为dialog。

以下介绍Spinner基本用法。

1）数据源的获取

（1）数据源来自于Values目录下定义的数组资源。

可以在res/values/course.xml中定义数组资源：

```
<?xml version="1.0" encoding="utf-8"?>
<resources>
    <string-array name="course">
        <item>Android</item>
        <item>C</item>
        <item>Python</item>
    </string-array>
</resources>
```

布局文件添加到Spinner控件：

```
<Spinner
    android:id="@+id/spinner"
    android:layout_width="match_parent"
    android:layout_height="wrap_content"
    android:entries="@array/course" />
```

（2）通过adapter给Spinner绑定数据

```
private List<String> courses;
private Spinner spinner;
courses=new ArrayList<>();
courses.add("C");
courses.add("JAVA");
courses.add("Android");
spinner=findViewById(R.id.spinner);
ArrayAdapter<String>adapter=new
```

任务准备

```
    ArrayAdapter<>(this,android. R.layout.simple_spinner_item,courses);
    //第二个参数是 Spinner 未展开菜单时 Spinner 的默认样式
    //android. R.layout.simple_spinner_item 是系统自带的内置布局
    adapter.setDropDownViewResource(android.R.layout.simple_
spinner_dropdown_item);
    //设置的是展开时下拉列表的样式，参数是系统内置布局
    /spinner.setAdapter(adapter);
```

2）单击监听

一般情况下需要响应Spinner选择事件，可以通过OnItemSelected Listener的回调方法实现。

```
    spinner.setOnItemSelectedListener(new AdapterView.OnItemSelected
Listener() {
        @Override
        public void onItemSelected(AdapterView<?> parent, View
view, int position, long id) {
            Toast.makeText(MainActivity.this, courses.
get(position), Toast.LENGTH_ SHORT).show();
        }
        @Override
        public void onNothingSelected(AdapterView<?> parent) {
        }
    });
```

3）自定义Adapter

实际的需求中有可能需要Spinner的下拉列表中不单单显示一个TextView，比如选项带有图标，那么这个时候就需要对适配器进行自定义。需要编写选项布局文件，以及定义子类继承BaseAdapter。

3. 偏好参数

偏好参数是一种轻量级的数据存储方式。内部实现是基于XML的Key-Value方式完成的。通常用来存储程序的配置信息。比如保存用户登录后的用户名和密码，每次判断SharePreference中有没有数据，这样就可以自动登录了。

（1）保存数据到SharePreference：

```
    //获取 sharepreference 对象
    SharedPreferences sp = getSharedPreferences("userInfo",Context.
MODE_PRIVATE);
    //获取编辑器
    SharePreferences.Editor edit = sp.edit();
    //保存数据
    edit.putString("username",name);
    edit.putInt("userage",age);
    //提交数据编辑器
    edit.commit();
```

<table>
<tr><td>任务准备</td><td>

（2）读取SharePreferences中的数据：

```
    SharedPreferences sp = getSharedPreferences("userInfo",Context.
MODE_PRIVATE);
    String username = sp.getString("username","");
    Int age = sp.getInt("userage","0");
```

（3）清除SharePreference中的值：

```
    SharedPreferences sp = getSharedPreferences("userInfo",
Context.MODE_PRIVATE);
    Editor editor = sp.edit();
    editor.clear();
    editor.commit();
```

4. 需求分析

当用户根据需要设置单词锁屏功能时，提供SwitchButton进行设置，此控件使用自定义控件实现。

用户可以选择单词难度、锁屏单词数量等数据，项目使用Spinner控件提供选项。需要学习Spinner控件、适配器知识。

设置界面是Activity的一个区域的内容，使用Fragment实现，最终嵌入一个Activity中使用

</td></tr>
</table>

任务目标

知识目标	1. 掌握自定义控件的编写。 2. 掌握Spinner控件的使用。 3. 掌握适配器的使用。 4. 掌握偏好参数的使用
技能目标	1. 能够自定义控件的开发过程。 2. 能够使用Spinner控件。 3. 能够使用偏好参数存储数据
素养目标	耐心与严谨：规范编写代码，养成添加注释习惯，勤思考，多动手，独立解决问题，遇到困难能够迎难而上

任务实现

视 频

绘制开关按钮

步骤1: 绘制开关按钮。

主要学习Android Studio中开关按钮的布局。

1. 绘制开关按钮布局

创建设置界面中开关按钮的布局文件，名称为switch_button。在switch_button.xml布局文件中添加以下代码：

```
<?xml version="1.0" encoding="utf-8"?>
    <!-- 用于加载开关按钮控件 -->
    <FrameLayout
    xmlns:android="http://schemas.android.com/apk/res/android"
        android:layout_width="wrap_content"
        android:layout_height="wrap_content" >
      <!-- 用于显示开关按钮打开的图片控件 -->
     <ImageView
            android:id="@+id/iv_switch_open"
            android:layout_width="wrap_content"
            android:layout_height="wrap_content"
            android:background="@mipmap/ease_open_icon"
            android:visibility="visible" />
    <!-- 用于显示开关按钮关闭的图片控件 -->
    <ImageView
            android:id="@+id/iv_switch_close"
            android:layout_width="wrap_content"
            android:layout_height="wrap_content"
            android:background="@mipmap/ease_close_icon"
            android:visibility="invisible" />
    </FrameLayout>
```

开关按钮绘制完成后的效果如图2-4-1所示。

2. 设置开关按钮动画

打开app\src\main\res\values目录，右击values，在弹出的快捷菜单中选择New→Values resource file命令（见图2-4-2），在打开的对话框中输入名称attrs，单击OK按钮，完成文件的创建。

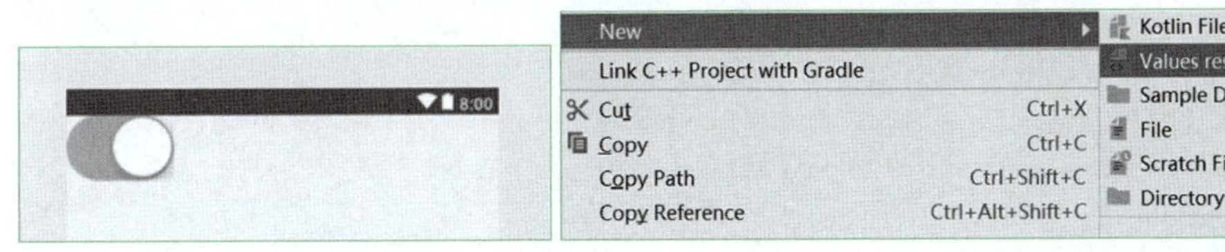

图 2-4-1　开关按钮效果　　图 2-4-2　选择 Values resource file 命令

在该文件中添加代码，用于实现开关按钮的打开与关闭的动画效果，代码如下：

```
<?xml version="1.0" encoding="utf-8"?>
   <resources>
       <declare-styleable name="SwitchButton">
           <attr name="switchOpenImage" format="reference"/>
           <attr name="switchCloseImage" format="reference"/>
           <attr name="switchStatus">
               <enum name="open" value="0"/>
               <enum name="close" value="1"/>
           </attr>
```

```
    </declare-styleable>
</resources>
```

在上面的代码中，attr标签用于定义控件的属性；name为属性名；format为属性的类型。

知识链接

有时候官方定义的一些基本组件不够用，自定义组件就不可避免了。那么如何才能做到像官方提供的那些组件一样用xml来定义其属性呢？下面介绍一下具体用法。

在res/values文件下定义一个attrs.xml文件：

```
<?xml version="1.0" encoding="utf-8"?>
<resources>
    <declare-styleable name="ToolBar">
        <attr name="buttonNum" format="integer"/>
        <attr name="itemBackground" format="reference|color"/>
    </declare-styleable>
</resources>
```

在布局xml中使用如下属性：

```
<?xml version="1.0" encoding="utf-8"?>
<?xml version="1.0" encoding="utf-8"?>
<RelativeLayout xmlns:android="http://schemas.android.com/apk/res/android"
    xmlns:toolbar="http://schemas.android.com/apk/res/cn.zzm.toolbar"
    android:orientation="vertical"
    android:layout_width="fill_parent"
    android:layout_height="fill_parent"
    >
    <cn.zzm.toolbar.ToolBar
        android:id="@+id/gridview_toolbar"
        android:layout_width="fill_parent"
        android:layout_height="wrap_content"
        android:layout_alignParentBottom="true"
        android:background="@drawable/control_bar"
        android:gravity="center"
        toolbar:buttonNum="5"
        toolbar:itemBackground="@drawable/control_bar_item_bg"/>
</RelativeLayout>
```

在自定义组件中，获得xml中定义的值：

```
TypedArray a = context.obtainStyledAttributes(attrs,R.styleable.ToolBar);
buttonNum = a.getInt(R.styleable.ToolBar_buttonNum, 5);
itemBg = a.getResourceId(R.styleable.ToolBar_itemBackground, -1);
a.recycle();
```

按如上操作即可完成对自定义属性的使用。

步骤2： 实现开关按钮功能。

视 频

实现开关按钮功能

主要学习Android Studio中开关按钮的实现。

创建一个名称为SwitchButton的类，此类用于判断开关按钮的状态与开关按钮的单击事件。当按钮显示打开时，隐藏按钮关闭的图片，显示按钮打开的图片；当按钮显示关闭时，隐藏按钮打开的图片，显示按钮关闭的图片。具体代码如下：

```
public class SwitchButton extends FrameLayout {
    private ImageView openImage;                    //打开按钮的图片
    private ImageView closeImage;                   //关闭按钮的图片
    public SwitchButton(Context context) {          //联系上下文
        this(context,null);
    }
    /**
     * 构造方法
     */
    public SwitchButton(Contextcontext,AttributeSet attrs,int defStyleAttr) {
        this(context,attrs);
    }
    public SwitchButton(Context context,AttributeSet attrs) {
        super(context, attrs);
        /**
         *context 通过调用 obtainStyledAttributes() 方法获取一个 TypeArray
         * 然后由该 TypeArray 对属性进行设置
         */
        TypedArray typedArray = context.obtainStyledAttributes(attrs,R.styleable.
SwitchButton);
        //画出开关为打开状态
        Drawable openDrawable = typedArray.getDrawable(R.styleable.
SwitchButton_switchOpenImage);
        //画出开关为关闭状态
        Drawable closeDrawable = typedArray.getDrawable(R.styleable.
SwitchButton_switchCloseImage);
        int switchStatus = typedArray.getInt(R.styleable.
SwitchButton_switchStatus,  0);
        //调用结束后务必调用 recycle() 方法，否则本次设定会对下次使用造成影响
        typedArray.recycle();
        LayoutInflater.from(context).inflate(R.layout.switch_button,this);
                                                        //绑定布局文件
        openImage = (ImageView) findViewById(R.id.iv_switch_open);
                                                        //绑定 id
        closeImage = (ImageView) findViewById(R.id.iv_switch_close);
                                                        //绑定 id
        if (openDrawable != null) {                     //如果是打开状态
```

```
            openImage.setImageDrawable(openDrawable);        //设置显示图片
        }
        if (closeDrawable != null) {                         //如果是关闭状态
            closeImage.setImageDrawable(closeDrawable);      //设置关闭图片
        }
        if (switchStatus == 1) {                             //判断开关的状态
            closeSwitch();                                   //执行关闭的方法
        }
    }
    public boolean isSwitchOpen() {                          //判断开关的状态
        return openImage.getVisibility() == View.VISIBLE;
    }
    public void openSwitch() {                               //打开开关
        openImage.setVisibility(View.VISIBLE);               //显示打开图片
        closeImage.setVisibility(View.INVISIBLE);            //隐藏关闭图片
    }
    public void closeSwitch() {                              //关闭开关
        openImage.setVisibility(View.INVISIBLE);             //隐藏打开图片
        closeImage.setVisibility(View.VISIBLE);              //显示关闭图片
    }
}
```

视　频

设置界面布局

步骤3： 设置界面布局。

主要学习Android Studio设置界面的布局。

创建设置界面的布局文件，名称为set_fragment_layout，在该文件中设置一个开关按钮与4个下拉菜单，开关按钮用于判断是否启用此软件进行解锁，4个下拉菜单的作用分别为选择单词的难度、解锁题的个数、每日新题的个数和每日复习题的个数。

在布局文件中，增加线性布局属性代码，用于设置界面布局，修改后的代码如下：

```
<?xml version="1.0" encoding="utf-8"?>
<LinearLayout xmlns:android="http://schemas.android.com/apk/res/android"
    android:layout_width="match_parent"
    android:layout_height="match_parent"
    android:orientation="vertical">               //此处为添加的代码
//此处依次添加以下步骤代码
</LinearLayout>
```

用于添加“开启单词锁屏”的线性布局以及文本控件和开关控件。顺序添加以下代码：

```
<LinearLayout
    android:layout_width="match_parent"
    android:layout_height="40dp"
```

```
        android:layout_marginTop="5dp"
        android:background="@android:color/white"
        android:orientation="horizontal">
        <!-- 显示 " 开启锁屏单词 " 文本控件 -->
        <TextView
            android:layout_width="wrap_content"
            android:layout_height="wrap_content"
            android:layout_weight="1"
            android:padding="10dp"
            android:text=" 开启单词锁屏 "
            android:textSize="17sp" />
        <!-- 开关控件（只需要输入 SwitchButton 选择第一个提示）-->
        <com.mingrisoft.sockword.SwitchButton
            android:id="@+id/switch_btn"
            android:layout_width="wrap_content"
            android:layout_height="28dp"
            android:layout_gravity="center_vertical"
            android:layout_marginRight="15dp"></com.mingrisoft.sockword.
SwitchButton>
    </LinearLayout>
```

用于添加“开锁单词难度”的线性布局以及文本控件和Spinner控件。顺序添加如下代码：

```
    <LinearLayout
        android:layout_width="match_parent"
        android:layout_height="40dp"
        android:layout_marginTop="5dp"
        android:background="@android:color/white"
        android:orientation="horizontal">
        <!-- 显示 " 开锁单词难度 " 文本控件 -->
        <TextView
            android:layout_width="0dp"
            android:layout_height="wrap_content"
            android:layout_weight="8"
            android:padding="10dp"
            android:text=" 开锁单词难度 "
           android:textSize="17sp" />
        <!-- 显示下拉选项框的 Spinner 控件 -->
        <Spinner
            android:id="@+id/spinner_difficulty"
            android:layout_width="0dp"
            android:layout_height="28dp"
            android:layout_gravity="center_vertical"
            android:layout_marginRight="15dp"
            android:layout_weight="2"
```

```
        android:background="@null"></Spinner>
</LinearLayout>
```

用于添加“需要解锁单词个数”的线性布局以及文本控件和Spinner控件。顺序添加如下代码：

```
<!-- 显示下拉文本框和文字布局 -->
<LinearLayout
    android:layout_width="match_parent"
    android:layout_height="40dp"
    android:layout_marginTop="5dp"
    android:background="@android:color/white"
    android:orientation="horizontal">
    <!-- 显示 " 需要解锁单词个数 " 文本控件 -->
    <TextView
        android:layout_width="0dp"
        android:layout_height="wrap_content"
        android:layout_weight="8"
        android:padding="10dp"
        android:text=" 需要解锁题的个数 "
        android:textSize="17sp" />
    <!-- 显示下拉选项框的 Spinner 控件 -->
    <Spinner
        android:id="@+id/spinner_all_number"
        android:layout_width="0dp"
        android:layout_height="28dp"
        android:layout_gravity="center_vertical"
        android:layout_marginRight="15dp"
        android:layout_weight="2"
        android:background="@null"></Spinner>
</LinearLayout>
```

用于添加“每日新题个数”的线性布局以及文本控件和Spinner控件。顺序添加如下代码：

```
<!-- 显示下拉文本框和文字布局 -->
<LinearLayout
    android:layout_width="match_parent"
    android:layout_height="40dp"
    android:layout_marginTop="5dp"
    android:background="@android:color/white"
    android:orientation="horizontal">
    <!-- 显示 " 每日新题个数 " 文本控件 -->
    <TextView
        android:layout_width="0dp"
        android:layout_height="wrap_content"
        android:layout_weight="8"
```

```
            android:padding="10dp"
            android:text=" 每日新题的个数 "
            android:textSize="17sp" />
        <!-- 显示下拉选项框的 Spinner 控件 -->
        <Spinner
            android:id="@+id/spinner_new_number"
            android:layout_width="0dp"
            android:layout_height="28dp"
            android:layout_gravity="center_vertical"
            android:layout_marginRight="15dp"
            android:layout_weight="2"
            android:background="@null"></Spinner>
    </LinearLayout>
```

用于添加“每日复习题个数”的线性布局以及文本控件和Spinner控件。顺序添加如下代码：

```
    <!-- 显示下拉文本框和文字布局 -->
    <LinearLayout
        android:layout_width="match_parent"
        android:layout_height="40dp"
        android:layout_marginTop="5dp"
        android:background="@android:color/white"
        android:orientation="horizontal">
        <!-- 显示 " 每日复习题个数 " 文本控件 -->
        <TextView
            android:layout_width="0dp"
            android:layout_height="wrap_content"
            android:layout_weight="8"
            android:padding="10dp"
            android:text=" 每日复习题的个数 "
            android:textSize="17sp" />
        <!-- 显示下拉选项框的 Spinner 控件 -->
        <Spinner
            android:id="@+id/spinner_revise_number"
            android:layout_width="0dp"
            android:layout_height="28dp"
            android:layout_gravity="center_vertical"
            android:layout_marginRight="15dp"
            android:layout_weight="2"
            android:background="@null"></Spinner>
    </LinearLayout>
```

步骤4： 实现设置界面功能。

主要学习实现Android Studio设置界面的功能。

视 频

实现设置界面功能（1）

1. 声明设置界面的控件

创建一个名称为SetFragment的类文件。此界面绑定了开关按钮，实现下拉菜单中的选择内容以及选择事件。SetFragment类继承app包下的Fragment，如图2-4-3所示。

```
public class SetFragment    extends Fragment {
    //此处依次添加以下步骤代码

}
```

图 2-4-3　创建 SetFragment 类

声明下拉选项框、数据库、下拉选项框的适配器以及下拉选项框中的选项内容。在图2-4-3所示区域添加如下代码：

```
    private SharedPreferences sharedPreferences;        //定义一个轻量级数据库
    private SwitchButton switchButton;                  //开关按钮
    private Spinner spinnerDifficulty;                  //定义选择难度的下拉选项框
    private Spinner spinnerAllNum;                      //定义解锁题目的下拉选项框
    private Spinner spinnerNewNum;                      //定义新题目的下拉选项框
    private Spinner spinnerReviewNum;                   //定义复习题的下拉选项框
    private ArrayAdapter<String> adapterDifficulty, adapterAllNum, adapterNewNum,
adapterReviewNUm;                                       //定义下拉选项框的适配器
    //选择难度下拉选项框中的选项内容
    String[] difficulty = new String[]{"小学", "初中", "高中", "四级", "六级"};
    //解锁题目下拉选项框中的选项内容
    String[] allNum = new String[]{"2道", "4道", "6道", "8道"};
    //新题目下拉选项框中的选项内容
    String[] newNum = new String[]{"10", "30", "50", "100"};
    //复习题目下拉选项框中的选项内容
    String[] revicwNum = new String[]{"10", "30", "50", "100"};
    SharedPreferences.Editor editor = null;             //定义数据库的编辑器
```

2. 绑定设置界面的布局

由于设置界面为 Fragment与Activity绑定布局的方式不同，须注意区分。顺序添加以下绑定设置界面布局的代码：

```
    public View onCreateView(LayoutInflater inflater, ViewGroup container,
Bundle savedInstanceState) {
        //绑定布局文件
        View view = inflater.inflate(R.layout.set_fragment_layout,null);
        init(view);
        return view;
    }
```

3. 初始化控件

初识化控件包括下拉选项框、下拉选项框的适配器、下拉选项框的选项以及开关按钮。顺序添加如下代码：

```
    /**
     * 初始化控件
     */
    private void init(View view) {
        sharedPreferences = getActivity().getSharedPreferences("share", Context
.MODE_PRIVATE);                                          //初始化数据库
        editor = sharedPreferences.edit();               //初始化编辑器
        //开关按钮绑定id
        switchButton = (SwitchButton) view.findViewById(R.id.switch_btn);
        switchButton.setOnClickListener(this);           //开关按钮设置监听事件
        //选择难度下拉选项框绑定id
        spinnerDifficulty = (Spinner) view.findViewById(R.id.spinner_difficulty);
        //解锁题目下拉选项框绑定id
        spinnerAllNum = (Spinner) view.findViewById(R.id.spinner_all_number);
        //新题目下拉框选项绑定id
        spinnerNewNum = (Spinner) view.findViewById(R.id.spinner_new_number);
        //复习题下拉选项框绑定id
        spinnerReviewNum = (Spinner) view.findViewById(R.id.spinner_revise_number);
        //初始化选择难度下拉选项框的适配器
        adapterDifficulty = new ArrayAdapter<String>(getActivity(),
android.R.layout.simple_selectable_list_item,difficulty);
        //给选择难度下拉选项框设置适配器
        spinnerDifficulty.setAdapter(adapterDifficulty);
        //定义选择难度下拉选项框的默认选项
        setSpinnerItemSelectedByValue(spinnerDifficulty,
               sharedPreferences.getString("difficulty","四级"));
        //设置选择难度的下拉选项框的监听事件
        this.spinnerDifficulty.setOnItemSelectedListener(new AdapterView.
OnItemSelectedListener() {
            @Override
            public void onItemSelected(AdapterView<?> parent,View view,int
position,long id) {
                //获取到选择的内容
                String msg = parent.getItemAtPosition(position).toString();
                editor.putString("difficulty",msg);      //写到数据库里面
                editor.commit();                         //保存
            }
            @Override
            public void onNothingSelected(AdapterView<?> parent) {
            }
        });
        /**
         * 解锁题个数的下拉选项框，同上面的选择难度的下拉选项框的原理一样
         * */
         adapterAllNum = new ArrayAdapter<String>(getActivity(),
                android.R.layout.simple_selectable_list_item,allNum);
```

```
        spinnerAllNum.setAdapter(adapterAllNum);
         setSpinnerItemSelectedByValue(spinnerAllNum,sharedPreferences.getInt
("allNum",2) + " 道 ");
        this.spinnerAllNum.setOnItemSelectedListener(new AdapterView.
OnItemSelectedListener() {
            @Override
             public void onItemSelected(AdapterView<?> parent,View view,int
    position,long id) {
                  String msg = parent.getItemAtPosition(position).toString();
                  int i = Integer.parseInt(msg.substring(0,1));
                  editor.putInt("allNum",i);
                  editor.commit();
            }
            @Override
             public void onNothingSelected(AdapterView<?> parent) {
             }
        });
        /**
         * 每日新题个数的下拉选项框，同上面的选择难度的下拉选项框的原理一样
         * */
        adapterNewNum = new ArrayAdapter<String>(getActivity(),
android.R.layout.simple_selectable_list_item,newNum);
        spinnerNewNum.setAdapter(adapterNewNum);
        setSpinnerItemSelectedByValue(spinnerNewNum,
sharedPreferences.getString("newNum","10"));
        this.spinnerNewNum.setOnItemSelectedListener(new AdapterView.
OnItemSelectedListener() {
            @Override
             public void onItemSelected(AdapterView<?> parent,View view,
int position,long id) {
                  String msg = parent.getItemAtPosition(position).toString();
                  editor.putString("newNum",  msg);
                  editor.commit();
            }
            @Override
             public void onNothingSelected(AdapterView<?> parent) {
             }
        });
        /**
         * 每日复习题个数的下拉选项框，同上面的选择难度的下拉选项框的原理一样
         * */
        adapterReviewNUm = new ArrayAdapter<String>(getActivity(),
android.R.layout.simple_selectable_list_item,revicwNum);
        spinnerReviewNum.setAdapter(adapterReviewNUm);
        setSpinnerItemSelectedByValue(spinnerReviewNum,
sharedPreferences.getString("reviewNum","10"));
```

```
        this.spinnerReviewNum.setOnItemSelectedListener(new AdapterView.
OnItemSelectedListener() {
            @Override
            public void onItemSelected(AdapterView<?> parent,
View view,int position,long id) {
                String msg = parent.getItemAtPosition(position).toString();
                editor.putString("reviewNum", msg);
                editor.commit();
            }
            @Override
            public void onNothingSelected(AdapterView<?> parent) {
            }
        });
    }
```

4. 初始化设置界面数据

在每次进入设置界面时，下拉选项框显示之前已设定的选项，如不进行此设置，将显示选项框的第一个选项。顺序添加如下代码：

```
/**
 * 设置下拉框默认选项的方法
 */
public void setSpinnerItemSelectedByValue(Spinner spinner, String value) {
    SpinnerAdapter apsAdapter = spinner.getAdapter();// 得到 SpinnerAdapter 对象
    int k = apsAdapter.getCount();
    for (int i = 0; i < k; i++) {
        if (value.equals(apsAdapter.getItem(i).toString())) {
            spinner.setSelection(i, true);   // 默认选中项
        }
    }
}
```

5. 初始化开关按钮

在每次加载设置界面的开关按钮时，从数据库中读取开关按钮的状态，判断是否启用此App解锁。顺序添加如下代码：

视 频
实现设置界面功能（2）

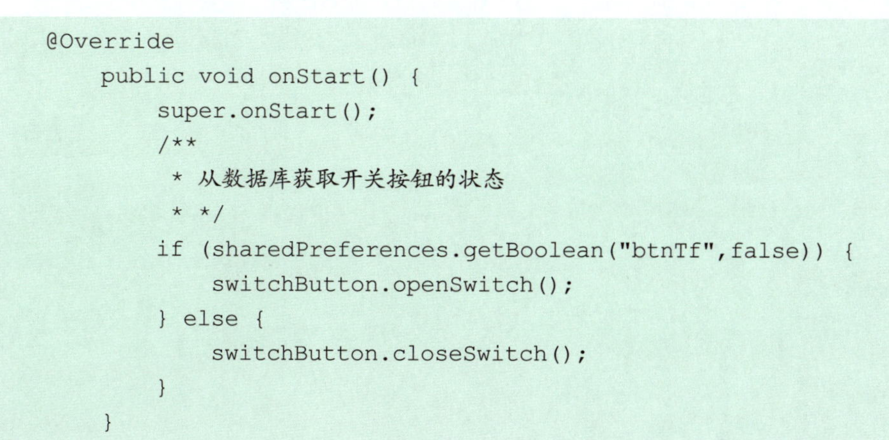

```
@Override
    public void onStart() {
        super.onStart();
        /**
         * 从数据库获取开关按钮的状态
         * */
        if (sharedPreferences.getBoolean("btnTf",false)) {
            switchButton.openSwitch();
        } else {
            switchButton.closeSwitch();
        }
    }
```

6. 为开关按钮设置单击事件

单击图2-4-4所示的this，按【Alt+Enter】组合键，在弹出的提示框中选择“Make 'SetFragment' implement …”选项。

图 2-4-4　为开关按钮设置单击事件

在弹出的对话框中，单击OK按钮，自动生成代码。在自动生成的代码中（即{}之间）编写开关按钮的单击事件。单击开关按钮时，如果按钮是打开状态，则执行关闭操作；如果开关按钮是关闭状态，则执行打开操作。实现代码如下：

```
switch (v.getId()) {
    case R.id.switch_btn:                                   // 单击开关按钮
    if (switchButton.isSwitchOpen()) {                      // 如果开关按钮为打开状态
        switchButton.closeSwitch();                         // 则关闭按钮
        editor.putBoolean("btnTf",false);
// 写入数据库开关按钮状态
    } else {                                                // 否则为关闭状态
        switchButton.openSwitch();                          // 打开开关按钮
        editor.putBoolean("btnTf",  true);                  // 写入数据库状态
    }
    editor.commit();                                        // 进行保存
    break;
}
```

学习笔记

【设置界面】考评记录

姓名		完成日期	
序号	考核内容	标准分	评分
1	开关按钮的绘制及功能实现	30	
2	实现设置界面搭建	30	
3	适配器设置界面上各Spinner功能实现	20	
4	开关按钮的状态存储	20	
总评分		100	

任务心得：

任务 5 主界面

任务描述

情境描述

项目运行起来后，主界面应该显示用户目前学习情况，并且可以根据目前学习进度设置后面的学习内容，我们已经完成了复习与设置两个界面的搭建及功能，并且是用两个Fragment实现的，在主界面中放两个按钮，根据按钮的操作，来设置哪个Fragment加载到主界面显示。

项目需要实现的主要功能是，在手机屏幕点亮时，如果手机没有解锁，显示单词锁屏界面，让用户先学习若干个单词，然后解锁手机；如果屏幕亮了手机也解锁了，项目显示主界面。需要根据设置界面的SwitchButton按钮的状态和手机锁屏状态监听实现

任务分解

分析上面的工作情境，将任务分解如下：

1. 自定义按钮样式。
2. 绘制主界面布局。
3. 创建和声明BaseApplication对象。
4. 锁屏状态监听。
5. 实现主界面功能

任务准备

1. 了解形状绘制

shape文件是一种在XML文件中定义的通用形状，在实际开发中经常将其作为背景图片使用，文件名用作资源ID，文件保存在res/drawable/目录下。

资源引用的方式：

在Java中：

```
R.drawable.filename;
```

在XML中：

```
@[package:]drawable/filename
```

语法格式如下：

```
<?xml version="1.0" encoding="utf-8"?>
<shape
    xmlns:android="http://schemas.android.com/apk/res/android"
    android:shape=["rectangle" | "oval" | "line" | "ring"] >
    <corners
        android:radius="integer"
        android:topLeftRadius="integer"
        android:topRightRadius="integer"
        android:bottomLeftRadius="integer"
        android:bottomRightRadius="integer" />
    <gradient
        android:angle="integer"
```

任务准备

```
        android:centerX="float"
        android:centerY="float"
        android:centerColor="integer"
        android:endColor="color"
        android:gradientRadius="integer"
        android:startColor="color"
        android:type=["linear" | "radial" | "sweep"]
        android:useLevel=["true" | "false"] />
    <padding
        android:left="integer"
        android:top="integer"
        android:right="integer"
        android:bottom="integer" />
    <size
        android:width="integer"
        android:height="integer" />
    <solid
        android:color="color" />
    <stroke
        android:width="integer"
        android:color="color"
        android:dashWidth="integer"
        android:dashGap="integer" />
</shape>
```

2. 元素及属性说明

<shape>：形状，可绘制对象的根元素。

xmlns:android属性：定义 XML 命名空间，其必须是以上例子中的字符串。

android:shape属性：定义形状的类型。有效值为："rectangle"填充包含视图的矩形，这是默认形状；"oval"适应包含视图尺寸的椭圆形状；"line"跨越包含视图宽度的水平线，此形状需要<stroke>元素定义线宽；"ring"环形，仅当android:shape="ring"时才使用以下属性：

android:innerRadius：尺寸。环内部（中间的孔）的半径，以尺寸值或尺寸资源表示。

android:innerRadiusRatio：环内部的半径，以环宽度的比率表示。例如，如果 android:innerRadiusRatio="5"，则内半径等于环宽度除以 5。此值被 android:innerRadius 覆盖。默认值为 9。

android:thickness：环的厚度，以尺寸值或尺寸资源表示。

android:thicknessRatio：环的厚度，表示为环宽度的比率。例如，如果 android:thicknessRatio="2"，则厚度等于环宽度除以2。此值被 android:innerRadius 覆盖。默认值为3。

android:useLevel：如果此属性用作 LevelListDrawable，则值为true。此属性的值通常应为false，否则无法显示形状。

<corners>：形状产生圆角。仅当形状为矩形时适用。

android:radius属性：尺寸。所有角的半径，以尺寸值或尺寸资源表示。对于每个角，会被以下属性覆盖。

任务准备

android:topLeftRadius属性：尺寸。左上角的半径，以尺寸值或尺寸资源表示。

android:topRightRadius属性：尺寸。右上角的半径，以尺寸值或尺寸资源表示。

android:bottomLeftRadius属性：尺寸。左下角的半径，以尺寸值或尺寸资源表示。

android:bottomRightRadius属性：尺寸。右下角的半径，以尺寸值或尺寸资源表示。

注意：

必须为每个角提供大于 1 的角半径，否则无法产生圆角。

<gradient>：指定形状的渐变颜色。

android:angle属性：整型。渐变的角度（度）。0 为从左到右，90 为从上到上。必须是 45 的倍数。默认值为 0。

android:centerX属性：浮点型。渐变中心的相对X 轴位置（0～1.0）。

android:centerY属性：浮点型。渐变中心的相对Y 轴位置（0～1.0）。

android:centerColor属性：颜色。起始颜色与结束颜色之间的可选颜色，以十六进制值或颜色资源表示。

android:endColor属性：颜色。结束颜色，表示为十六进制值或颜色资源。

android:gradientRadius属性：浮点型。渐变的半径。仅在 android:type="radial" 时适用。

android:startColor属性：颜色。起始颜色，表示为十六进制值或颜色资源。

android:type属性：关键字。要应用的渐变图案的类型。有效值为："linear"线性渐变，这是默认值；"radial"径向渐变，起始颜色为中心颜色；"sweep"流线型渐变。

android:useLevel属性：布尔值。如果此属性用作 LevelListDrawable，则值为true。

<padding>：要应用到包含视图元素的内边距（这会填充视图内容的位置，而非形状）。

android:left属性：尺寸。左内边距，表示为尺寸值或尺寸资源。

android:top属性：尺寸。上内边距，表示为尺寸值或尺寸资源。

android:right属性：尺寸。右内边距，表示为尺寸值或尺寸资源。

android:bottom属性：尺寸。下内边距，表示为尺寸值或尺寸资源。

<size>形状的大小。

android:height属性：尺寸。形状的高度，表示为尺寸值或尺寸资源。

android:width属性：尺寸。形状的宽度，表示为尺寸值或尺寸资源。

<solid>：用于填充形状的纯色。

android:color属性：颜色。应用于形状的颜色，以十六进制值或颜色资源表示。

<stroke>：形状的笔画中线。

android:width属性：尺寸。线宽，以尺寸值或尺寸资源表示。

android:color属性：颜色。线的颜色，表示为十六进制值或颜色资源。

android:dashGap属性：尺寸。短划线的间距，以尺寸值或尺寸资源表示。仅在设置了 android:dashWidth 时有效。

任务准备

注意：

默认情况下，形状根据此处定义的尺寸，按比例缩放至容器视图的大小。在 ImageView 中使用形状时，可将 android:scaleType 设置为 center，从而限制缩放。

android:dashWidth属性：尺寸。每个短划线的大小，以尺寸值或尺寸资源表示。仅在设置了 android:dashGap 时有效。

例如，XML 文件保存在 res/drawable/gradient_box.xml 中：

```
<?xml version="1.0" encoding="utf-8"?>
<shape xmlns:android="http://schemas.android.com/apk/res/android"
    android:shape="rectangle">
    <gradient
        android:startColor="#FFFF0000"
        android:endColor="#80FF00FF"
        android:angle="45"/>
    <padding android:left="7dp"
        android:top="7dp"
        android:right="7dp"
        android:bottom="7dp" />
    <corners android:radius="8dp" />
</shape>
```

此布局 XML 会将形状可绘制对象应用到视图：

```
<TextView
    android:background="@drawable/gradient_box"
    android:layout_height="wrap_content"
    android:layout_width="wrap_content" />
```

此应用代码会获取形状可绘制对象，并将其应用至视图：

```
Resources res = getResources();
Drawable shape = ResourcesCompat.getDrawable(res, R.drawable.
gradient_box, getTheme());
TextView tv = (TextView)findViewById(R.id.textview);
tv.setBackground(shape);
```

3. 了解图层列表

图层列表管理其他可绘制对象阵列的可绘制对象。列表中的每个可绘制对象均按照列表顺序绘制，列表中的最后一个可绘制对象绘于顶部。每个可绘制对象由单一<layer-list>元素内的<item>元素表示。语法格式如下：

```
<?xml version="1.0" encoding="utf-8"?>
<layer-list
    xmlns:android="http://schemas.android.com/apk/res/android" >
```

任务准备

```
    <item
        android:drawable="@[package:]drawable/drawable_resource"
        android:id="@[+][package:]id/resource_name"
        android:top="dimension"
        android:right="dimension"
        android:bottom="dimension"
        android:left="dimension" />
</layer-list>
```

元素及属性含义如下：

<layer-list>是必须添加的根元素。包含一个或多个<item>元素。

xmlns:android属性：定义 XML 命名空间。

<item>元素：定义放于图层可绘制对象中由其属性所定义位置的可绘制对象。必须是<layer-list>元素的子项。接受子<bitmap>元素。

android:drawable属性：可绘制对象资源。必备。引用可绘制对象资源。

android:id属性：资源 ID。可绘制对象的唯一资源 ID。要为此项新建资源ID，使用以下形式：@+id/name。加号表示应创建为新 ID。可以使用此 ID 检索和修改拥有 View.findViewById() 或 Activity.findViewById() 的可绘制对象。

android:top属性：整型。顶部偏移（像素）。

android:right属性：整型。右边偏移（像素）。

android:bottom属性：整型。底部偏移（像素）。

android:left属性：整型。左边偏移（像素）。

默认情况下，所有可绘制项都会缩放以适应包含视图的大小。因此，将图像放在图层列表中的不同位置可能会增大视图的大小，并且有些图像会相应地缩放。为避免缩放列表中的项目，可在<item>元素内使用 <bitmap> 元素指定可绘制对象，并且对某些不缩放的项目，例如，以下 <item> 定义缩放以适应其容器视图的项目：

```
<item android:drawable="@drawable/image" />
```

为避免缩放，以下示例使用居中的 <bitmap> 元素：

```
<item>
  <bitmap android:src="@drawable/image"
        android:gravity="center" />
</item>
```

例如，XML文件保存在 res/drawable/layers.xml 中：

```
<?xml version="1.0" encoding="utf-8"?>
<layer-list xmlns:android="http://schemas.android.com/apk/res/android">
    <item>
      <bitmap android:src="@drawable/android_red"
        android:gravity="center" />
        </item>
        <item android:top="10dp" android:left="10dp">
      <bitmap android:src="@drawable/android_green"
```

```
            android:gravity="center" />
    </item>
    <item android:top="20dp" android:left="20dp">
        <bitmap android:src="@drawable/android_blue"
            android:gravity="center" />
    </item>
</layer-list>
```

将可绘制对象应用到视图：

```
<ImageView
    android:layout_height="wrap_content"
    android:layout_width="wrap_content"
    android:src="@drawable/layers" />
```

任务准备

4. 状态列表

状态列表是在 XML 文件中定义的可绘制对象，它会根据对象状态，使用多个不同的图像来表示同一个图形。例如，Button 控件可以是多种不同状态（按下、聚焦或这两种状态都不是）中的一种，并且可利用状态列表可绘制对象，为每种状态提供不同的背景图片。

可以在XML文件中描述状态列表。每个图形由单一<selector>元素内的<item>元素表示。每个<item>均使用各种属性来描述应用作可绘制对象的图形状态。在每个状态变更期间，将从上到下遍历状态列表，并使用第一个与当前状态匹配的项目——此选择并非基于“最佳匹配”，而是选择符合状态最低条件的第一个项目。

文件保存位置：res/drawable/filename.xml，文件名用作资源 ID。

资源引用的方式：

在Java 中：

```
R.drawable.filename;
```

在XML中：

```
@[package:]drawable/filename
```

语法格式：

```
<?xml version="1.0" encoding="utf-8"?>
<selector xmlns:android="http://schemas.android.com/apk/res/android"
    android:constantSize=["true" | "false"]
    android:dither=["true" | "false"]
    android:variablePadding=["true" | "false"] >
    <item
        android:drawable="@[package:]drawable/drawable_resource"
        android:state_pressed=["true" | "false"]
        android:state_focused=["true" | "false"]
        android:state_hovered=["true" | "false"]
        android:state_selected=["true" | "false"]
        android:state_checkable=["true" | "false"]
```

```
        android:state_checked=["true" | "false"]
        android:state_enabled=["true" | "false"]
        android:state_activated=["true" | "false"]
        android:state_window_focused=["true" | "false"] />
</selector>
```

任务准备

<selector>元素：根元素。包含一个或多个<item>元素。

xmlns:android属性：定义XML命名空间。

android:constantSize属性：布尔值。如果可绘制对象报告的内部大小在状态变更时保持不变，则值为true（大小是所有状态的最大值）；如果大小根据当前状态而变化，则值为false。默认值为 false。

android:dither属性：布尔值。值为true时，将在位图的像素配置与屏幕不同时（如ARGB 8888 位图和 RGB 565 屏幕）启用位图的抖动；值为false时则停用抖动。默认值为 true。

android:variablePadding属性：布尔值。如果可绘制对象的内边距应根据选择的当前状态而变化，则值为true；如果内边距应保持不变（基于所有状态的最大内边距），则值为false。启用此功能要求在状态变更时处理执行布局，这通常不受支持。默认值为 false。

<item>元素：定义要在某些状态期间使用的可绘制对象，如其属性所述。必须是 <selector> 元素的子项，属性如下：

android:drawable属性：可绘制对象资源，必备。引用可绘制对象资源。

android:state_pressed属性：布尔值。如果在按下对象（如触摸/点按某按钮）时应使用此项目，则值为true；如果在默认的未按下状态时使用此项目，则值为false。

android:state_focused属性：布尔值。如果在对象具有输入焦点（如当用户选择文本输入）时应使用此项目，则值为true；如果在默认的非焦点状态时应使用此项目，则值为false。

android:state_hovered属性：布尔值。如果当光标悬停在对象上时应使用此项目，则值为true；如果在默认的非悬停状态时应使用此项目，则值为false。通常，这个可绘制对象可能与用于“聚焦”状态的可绘制对象相同。此项为API级别14新引入的配置。

android:state_selected属性：布尔值。如果在使用定向控件浏览（如使用方向键浏览列表）的情况下对象为当前用户选择时应使用此项目，则值为true；如果在未选择对象时应使用此项目，则值为false。

当焦点（android:state_focused）不充分（例如，列表视图有焦点但使用方向键选择其中的项目）时，使用所选状态。

android:state_checkable属性：布尔值。如果当对象可选中时应使用此项目，则值为true；如果当对象不可选中时应使用此项目，则值为false。（仅当对象在可选中与不可选中小部件之间转换时才有用。）

android:state_checked属性：布尔值。如果在对象已选中时应使用此项目，则值为true；如果在对象未选中时使用此项目，则值为false。

android:state_enabled属性：布尔值。如果在对象启用（能够接收触摸/点击事件）时应使用此项目，则值为true；如果在对象停用时应使用此项目，则值为false。

android:state_activated属性：布尔值。如果在对象激活作为持续选择（例如，在持续导航视图中“突出显示”之前选中的列表项）时应使用此项目，则值为true；如果在对象未激活时应使用此项目，则值为false。此项为API级别11新引入的配置。

android:state_window_focused属性：布尔值。如果当应用窗口有焦点（应用在前台）时应使用此项目，则值为true；如果当应用窗口没有焦点（例如，通知栏下拉或对话框出现）时应使用此项目，则值为false。

注意：

Android 将应用状态列表中第一个与对象当前状态匹配的项目。因此，如果列表中的第一个项目不含上述任何状态属性，则每次都会应用它，这就是默认值应始终放在最后的原因（如以下示例所示）。

例如，XML 文件保存在 res/drawable/button.xml 中：

```
<?xml version="1.0"encoding="utf-8"?>
<selector xmlns:android="http://schemas.android.com/apk/res/android">
    <item android:state_pressed="true"
          android:drawable="@drawable/button_pressed"/><!--pressed
-->
    <item android:state_focused="true"
          android:drawable="@drawable/button_focused"/><!--
focused -->
    <item android:state_hovered="true"
          android:drawable="@drawable/button_focused"/><!--
hovered -->
    <item android:drawable="@drawable/button_normal"/> <!--
default -->
</selector>
```

任务准备

将状态列表可绘制对象应用到按钮：

```
<Button
    android:layout_height="wrap_content"
    android:layout_width="wrap_content"
android:background="@drawable/button"/>
```

5. 广播接收器

广播接收器组件BroadcastReceiver，系统能够在常规用户流之外向应用传递事件，从而允许应用响应系统范围内的广播通知。

由于广播接收器是另一个明确定义的应用入口，因此系统甚至可以向当前未运行的应用传递广播。例如应用可通过调度提醒发布通知，以告知用户即将发生的事件。而且通过将该提醒传递给应用的广播接收器，应用在提醒响起之前即无须继续运行。许多广播均由系统发起，例如，通知屏幕已关闭、电池电量不足或已拍摄照片的广播。

应用也可发起广播，例如，通知其他应用某些数据已下载至设备，并且可供其使用。尽管广播接收器不会显示界面，但其可以创建状态栏通知，在发生广播事件时提醒用户。

6. 需求分析

经过分析，本任务需要做以下工作：

学习广播接收者如何接收系统广播。

学习如何判断屏幕是否锁屏。

学习样式文件的编写及样式的使用

任务目标

知识目标	1．掌握功能逻辑的设计。 2．掌握手机锁屏状态的监听。 3．掌握广播接收者的注册与使用
技能目标	1．能够运用已有知识设计代码逻辑。 2．能够运用接口设计编写功能代码。 3．能够使用广播接收者接收系统广播
素养目标	耐心与严谨：规范编写代码，养成添加注释习惯，勤思考，多动手，独立解决问题，遇到困难能够迎难而上

任务实现

视 频

自定义按钮样式和主界面布局

步骤1： 自定义按钮样式。

主要学习Android Studio自定义按钮样式。

主界面中有一个“错词本”按钮，是自定义按钮，效果如图2-5-1所示。

创建Drawable 资源文件，在app\src\main \res\drawable目录上右击，在弹出的快捷菜单中选择New→Drawable resource file命令，如图2-5-2所示。

图 2-5-1　自定义按钮

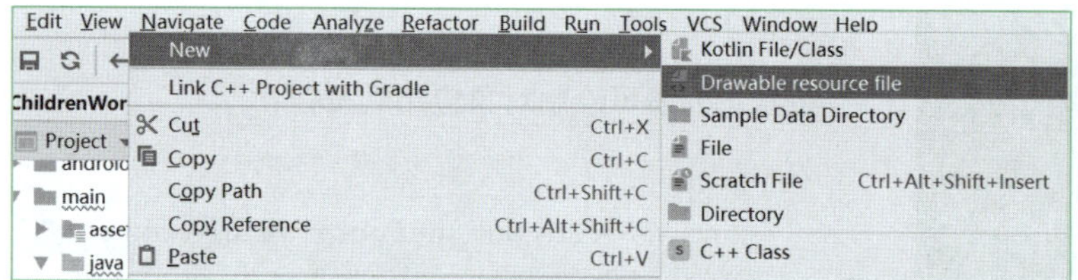

图 2-5-2　选择 Drawable resource file 命令

弹出图2-5-3所示对话框，填写文件名为btn_kuang，单击OK按钮。

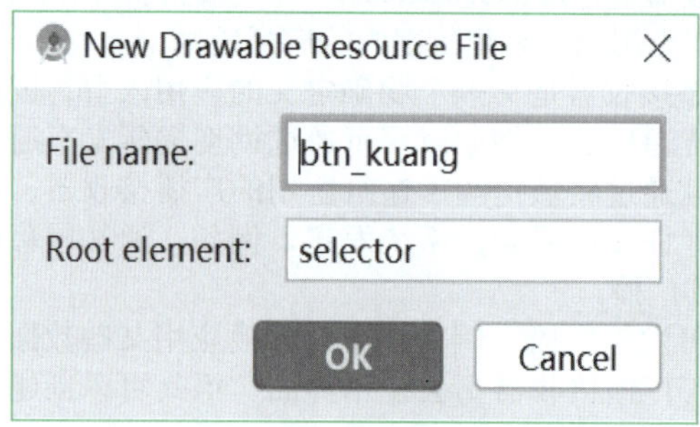

图 2-5-3　填写文件名

在刚创建的文件中添加代码，按照自定义的样式，绘制按钮。具体代码及详解如下：

```
<?xml version="1.0" encoding="utf-8"?>
    <layer-list xmlns:android="http://schemas.android.com/apk/res/android">
```

```
        <item>
            <shape
                xmlns:android="http://schemas.android.com/apk/res/android"
                android:shape="rectangle">
                <solid
                    android:color="@android:color/holo_blue_light"/>  // 背景颜色
                <corners
                    android:bottomRightRadius="10dp"
                    android:bottomLeftRadius="10dp"
                    android:topLeftRadius="10dp"
                    android:topRightRadius="10dp"/>             // 矩形四个角的弧度
                <stroke
                    android:width="1dp"
                    android:color="#C0C0C0"
                    />                                          // 边框线宽，颜色
            </shape>
        </item>
    </layer-list>
```

步骤2： 绘制主界面布局。

主要学习Android Studio绘制主界面布局。

1. 主界面根元素及效果

主界面为程序打开时的界面，复习界面与设置界面都在此界面中加载。创建主界面的布局文件名称为home_layout，主界面效果如图2-5-4所示。在home_layout.xml布局文件中，采用相对布局管理器，代码如下：

```
<?xml version="1.0" encoding="utf-8"?>
<LinearLayout xmlns:android="http://schemas.android.com/apk/res/android"
    android:layout_width="match_parent"
    android:layout_height="match_parent">
<!-- 此处依次添加以下代码 -->
</LinearLayout>
```

2. 绘制一个“锁屏背单词”的标题栏

在标题栏右侧显示一个“错词本”按钮，代码如下：

```
<!-- 用于显示标题栏的父布局 -->
<RelativeLayout
    android:layout_width="match_parent"
    android:layout_height="50dp"
    android:background="@android:color/holo_blue_light">
    <!-- 用于显示标题栏中的 " 锁屏背单词 " 的文本控件 -->
    <TextView
        android:layout_width="wrap_content"
```

```
        android:layout_height="wrap_content"
        android:layout_centerHorizontal="true"
        android:layout_centerVertical="true"
        android:text=" 锁屏背单词 "
        android:textColor="@android:color/white"
        android:textSize="20sp" />
    <!-- 用于显示标题栏中的 " 错词本 " 的按钮控件 -->
    <Button
        android:id="@+id/wrong_btn"
        android:layout_width="60dp"
        android:layout_height="30dp"
        android:layout_alignParentRight="true"
        android:layout_centerVertical="true"
        android:layout_marginRight="10dp"
        android:padding="3dp"
        android:text=" 错词本 "
        android:textColor="@android:color/white"
        android:textSize="15sp"
        android:background="@drawable/btn_kuang"/>
</RelativeLayout>
```

图 2-5-4　主界面布局

3. 复习界面与设置界面在主界面中加载的布局

复习界面与设置界面在主界面中加载的父类布局为Fragment，代码如下：

```
<!-- 用于加载学习界面和设置界面的 fragment 控件 -->
<FrameLayout
    android:id="@+id/frame_layout"
    android:layout_width="match_parent"
    android:layout_height="match_parent"
    android:layout_marginBottom="40dp"
    android:layout_marginTop="50dp">
</FrameLayout>
```

4. 复习界面与设置界面切换按钮

```
<!-- 用于加载复习与设置按钮的父布局 -->
<LinearLayout
    android:layout_width="match_parent"
    android:layout_height="40dp"
    android:layout_alignParentBottom="true"
    android:layout_marginBottom="3dp"
    android:orientation="horizontal">
    <!—" 复习 " 按钮控件 -->
    <Button
        android:layout_width="0dp"
        android:layout_height="match_parent"
        android:layout_marginLeft="3dp"
        android:layout_weight="1"
        android:background="@android:color/holo_blue_light"
        android:onClick="study"
        android:text=" 复习 "
        android:textColor="#FFFFFF" />
    <!—" 设置 " 按钮控件 -->
    <Button
        android:layout_width="0dp"
        android:layout_height="match_parent"
        android:layout_marginLeft="3dp"
        android:layout_marginRight="3dp"
        android:layout_weight="1"
        android:background="@android:color/holo_blue_light"
        android:onClick="set"
        android:text=" 设置 "
        android:textColor="#FFFFFF" />
</LinearLayout>
```

视频

创建声明Base Application类

步骤3： 创建和声明BaseApplication对象。

主要学习Android Studio创建和声明BaseApplication类。

1. 创建 BaseApplication 对象

创建一个名为BaseApplication的类。BaseApplication 类是在开发过程中常用到的类，它贯穿整个App的生命周期。由于程序的需求不同，所以在此类中编写的代码也不相同。在锁屏背单词App中，BaseApplication类主要用来将一个Activity添加到队列中，必要时销毁该Activity。具体代码如下：

```
public class BaseApplication extends Application {
    //创建一个 Map 的集合，用来把 activity 加到该 Map 中
    private static Map<String,Activity> destroyMap = new HashMap<>();
    /**
     * 添加到销毁的队列
     * <p/>
     * 要销毁的 activity
     */
     public static void addDestroyActiivty(Activity activity,String activityName) {
        destroyMap.put(activityName,activity);
    }
    /**
     * 销毁指定的 activity
     */
     public static void destroyActivity(String activityName) {
        Set<String> keySet = destroyMap.keySet();
        for (String key : keySet) {
            destroyMap.get(key).finish();
        }
    }
}
```

返回到MainActivity文件中，在初始化控件的方法中，找到图2-5-5所示的位置，将指定的Activity添加到销毁列队中。

```
timeText.setText(mHours + ":" + mMinute);
dateText.setText(mMonth + "月" + mDay + "日" + "    " + "星期" + mWay);
//将指定的activity添加到 销毁的队列中
```

图 2-5-5 Activity 销毁代码的添加位置

添加代码如下：

```
//把 Mainactivity 添加到销毁集合中
BaseApplication.addDestroyActiivty(this,"MainActivity");
```

2. 声明 BaseApplication 对象

打开AndroidManifest.xml文件的<aplication>标签，添加代码如下：

```
android:name=".BaseApplication"
```

视 频

锁屏状态监听

步骤4： 锁屏状态监听。

主要学习Android Studio锁屏状态的监听。

1. 创建监听类 ScreenListener

创建ScreenListener，在类中添加如下初始化代码：

```
private Context context;                                        //联系上下文
private ScreenBroadcastReceiver mScreenReceiver;                //定义一个广播
private ScreenStateListener mScreenStateListener;               //定义一个内部接口
/**
 * 初始化
 **/
public ScreenListener(Context context) {
    this.context = context;
    mScreenReceiver =new ScreenBroadcastReceiver();             //初始化广播
}
```

2. 定义内部接口

自定义接口，用于监听屏幕亮起时、关闭时和解锁时的状态，顺序添加如下代码：

```
/**
 * 自定义接口
 **/
public interface ScreenStateListener{
    void onScreenOn();                  //手机屏幕点亮
    void onScreenOff();                 //手机屏幕关闭
    void onUserPresent();               //手机屏幕解锁
}
```

3. 定义内部广播接收者

编写一个内部广播，用于监听屏幕亮起时、屏幕关闭时和解锁时的状态，在不同状态下发出不同的广播。顺序添加如下代码：

```
/**
 * 写一个内部的广播
 **/
private class ScreenBroadcastReceiver extends BroadcastReceiver{
    private String action = null;
    @Override
    public void onReceive(Context context,Intent intent) {
        action = intent.getAction();
        if (Intent.ACTION_SCREEN_ON.equals(action)){        //屏幕亮时操作
            mScreenStateListener.onScreenOn();
        }else if (Intent.ACTION_SCREEN_OFF.equals(action)){ //屏幕关闭时操作
            mScreenStateListener.onScreenOff();
```

```
            }else if (Intent.ACTION_USER_PRESENT.equals(action)) {
//解锁时操作
                mScreenStateListener.onUserPresent();
            }
        }
    }
    /**
     * 注册广播接收者
     **/
private void registerListener() {
    IntentFilter filter = new IntentFilter();
    filter.addAction(Intent.ACTION_SCREEN_ON);
    //屏幕亮起时开启的广播
    filter.addAction(Intent.ACTION_SCREEN_OFF);
    //屏幕关闭时开启的广播
    filter.addAction(Intent.ACTION_USER_PRESENT);
    //屏幕解锁时开启的广播
    context.registerReceiver(mScreenReceiver,filter);        //发送广播
}
/**
* 解除广播
* */
public void unregisterListener(){
    context.unregisterReceiver(mScreenReceiver);              //注销广播
}
```

知识链接

判断屏幕是否锁屏的方法分两大类：

第一类方法：代码直接判断

通过PowerManager的isScreenOn()方法，代码如下：

```
PowerManager pm = (PowerManager) context.getSystemService(Context.
POWER_SERVICE);
boolean isScreenOn = pm.isScreenOn();
```

如果为true，则表示屏幕“亮”了，否则屏幕“暗”了

屏幕“亮”，表示有两种状态：①未锁屏；②目前正处于解锁状态。这两种状态下屏幕都是亮的。屏幕“暗”，表示目前屏幕是黑的。

通过KeyguardManager的inKeyguardRestrictedInputMode()方法，代码如下：

```
KeyguardManager mKeyguardManager = (KeyguardManager) context.
getSystem Service(Context.KEYGUARD_SERVICE);
boolean flag = mKeyguardManager.inKeyguardRestrictedInputMode();
```

如果flag为true，表示有两种状态：①屏幕是黑的；②目前正处于解锁状态。

如果flag为false，表示目前未锁屏。

第二类方法：接收系统的广播

接收系统广播事件，屏幕在三种状态（开屏、锁屏、解锁）之间变换时，系统都会发送广播，用户只需要监听这些广播即可。

```
public void onReceive(Context context, Intent intent) {
    action = intent.getAction();
    if (Intent.ACTION_SCREEN_ON.equals(action)) {
        // 开屏
    } else if (Intent.ACTION_SCREEN_OFF.equals(action)) {
        // 锁屏
    } else if (Intent.ACTION_USER_PRESENT.equals(action)) {
        // 解锁
    }
}
```

4. 开始监听广播状态

```
public void begin(ScreenStateListener listener){
   mScreenStateListener = listener;
   registerListener();                          //注册监听
   getScreenState();                            //获取监听
}
```

5. 获取屏幕状态

通过系统的服务获取到手机屏幕的状态，顺序添加如下代码：

```
private void getScreenState() {
    //初始化powerManager
    PowerManager manager = (PowerManager) context.
                               getSystemService(Context.POWER_SERVICE);
    if(manager.isScreenOn()){            //如果监听已经开启
        if(mScreenStateListener != null){
            mScreenStateListener.onScreenOn();
        }
    }else{                               //如果监听没有开启
    if(mScreenStateListener != null){
        mScreenStateListener.onScreenOff();
        }
    }
}
```

视　频

实现主界面功能

步骤5： 实现主界面功能。

1. 创建主界面类 HomeActivity

创建一个名为HomeActivity的类。主界面用于显示复习界面和设置界面，以及这两个界面之间的切换。主界面的Activity继承AppCompatActivity。

HomeActivity类中包括定义数据库、监听屏幕状态以及加载复习与设置界面的Fragment，具体代码如下：

```
private ScreenListener screenListener;          // 绑定此页面与手机屏幕状态的监听
private SharedPreferences sharedPreferences; // 定义一个轻量级数据库
private FragmentTransaction transaction;        // 定义用于加载复习与设置的界面
private StudyFragment studyFragment;            // 绑定复习界面
private SetFragment setFragment;                // 绑定设置界面
private Button wrongBtn;                        // 定义错词本按钮
```

2. 初始化控件

绑定布局文件，并初始化数据库、错词本按钮，以及对手机屏幕状态的监听，当手机屏幕亮起时将锁屏界面显示在手机的最上方。代码如下：

```
@Override
protected void onCreate(Bundle savedInstanceState) {
    super.onCreate(savedInstanceState);
    getWindow().addFlags(WindowManager.LayoutParams.FLAG_FULLSCREEN);
    setContentView(R.layout.home_layout);                // 绑定布局文件
    init();                                              // 初始化控件
}
/**
 * 初始化控件的方法
 **/
private void init() {
    sharedPreferences = getSharedPreferences("share",Context.MODE_PRIVATE);
                                                         // 初始化数据库
    wrongBtn = (Button) findViewById(R.id.wrong_btn);          // 绑定 id
    wrongBtn.setOnClickListener(this);                   // 对按钮设置监听事件
    // 设置 editer 用于往数据库中添加数据和修改数据
    final SharedPreferences.Editor editor = sharedPreferences.edit();
    screenListener = new ScreenListener(this);           // 屏幕状态进行监听
    screenListener.begin(new ScreenListener.ScreenStateListener() {
        @Override
        public void onScreenOn() {                       // 手机已点亮屏幕的操作
            // 判断是否在设置界面开启了锁屏按钮
            if (sharedPreferences.getBoolean("btnTf",false)){
                // 判断屏幕是否解锁
                if (sharedPreferences.getBoolean("tf",false)) {
```

```
                Intent intent = new Intent(HomeActivity.this,
                MainActivity.class);                    // 启动锁屏页面
                startActivity(intent);                  // 开始跳转
            }
        }
    }
    @Override
    public void onScreenOff() {                         // 手机已锁屏的操作
        /**
        * 如果手机已经锁了
        * 就把数据库中的 tf 字段改成 true
        * */
        editor.putBoolean("tf",  true);
        editor.commit();
        // 销毁锁屏界面
        BaseApplication.destroyActivity("mainActivity");
    }
    @Override
    public void onUserPresent() {                       // 手机已解锁的操作
        /**
         * 如果手机已经解锁了
         * 就把数据库中的 tf 字段改成 false
         **/
         editor.putBoolean("tf",false);
         editor.commit();
    }
  });
  // 当此页面加载时显示复习界面的 fragment
  studyFragment = new StudyFragment();
  setFragment(studyFragment);                           // 设置不同的 fragment
}
```

3. “复习”和“设置”按钮的单击事件

执行“复习”和“设置”按钮的单击事件实现跳转到相应的页面。

```
/**
* 单击不同的按钮显示不同的 fragment
**/
public void setFragment(Fragment fragment) {
    transaction = getFragmentManager().beginTransaction();
    // 初始化 transaction
    transaction.replace(R.id.frame_layout, fragment);
    // 绑定 id
    transaction.commit();
}
```

```
    //单击进入复习页面
    public void study(View v) {
    if(studyFragment == null) {
        studyFragment = new StudyFragment();
    }
    setFragment(studyFragment);
}
//单击进入设置界面
public void set(View v) {
    if(setFragment == null) {
        setFragment = new SetFragment();
    }
    setFragment(setFragment);
}
```

4. “错词本”按钮的单击事件

单击“错词本”按钮时，将弹出一个提示框，提示内容为“待加错题本功能”。为“错词本”按钮设置监听事件，单击this，按【Alt+Enter】组合键，在弹出的提示框中选择“Make 'HomeActivity' implement…”选项，弹出对话框，单击OK按钮。在自动生成的代码中（即生成的两个{}中）添加如下代码：

```
switch (v.getId()){
    /**
    * 跳转到错题页面
    **/
    case R.id.wrong_btn:
    Toast.makeText(this,"跳转到错题界面",Toast.LENGTH_SHORT).show();
        //详情请参考源码
    break;
}
```

5. 解除广播接收者

在开发过程中，开启广播后，都需要在程序结束时解除广播，如不解除广播程序将会报错。上文中已经绑定监听屏幕状态的广播，所以在程序执行onDestroy()方法时，需将监听锁屏状态的广播解除，代码如下：

```
/**
 * 解除广播监听
 */
@Override
protected void onDestroy() {
    super.onDestroy();
    screenListener.unregisterListener();
}
```

6. 更改项目初始界面为 HomeActivity

打开AndroidManifest.xml文件，修改文件中的代码，修改之后启动的 Activity是HorneActivity，跳转页面为MainActivity。

将“.MainActivity”修改为“.HomeActivity”

```
插入代码 "<activity android:name=".MainActivity"/>"。
```

上述操作完成后，单击工具栏中的“运行”按钮。

学习笔记

任务考评

【主界面】考评记录

姓名		完成日期	
序号	考核内容	标准分	评分
1	样式文件的编写及使用	20	
2	复习、设置界面动态加载	20	
3	BaseApplication类的编写	20	
4	广播接收者手机屏幕状态监听	40	
总评分		100	

任务心得：

单元 3　工具箱项目

今天项目组开会时，小李总是打不起精神，组长问原因，说是整个晚上楼上一直在搬东西，声音很大，影响休息。小张立马说声音超过多少分贝就能够成扰民。小李说“我也想知道楼上声音算不算扰民，没法有理有据地去提醒对方。”于是，大家就七嘴八舌地说，日常生活中经常碰到一些困扰，比如像小李这种情况想要知道音量到底多大，走在路上想要知道方向，着急想知道一些物体的大小……组长当即说，那就做一个手机工具箱 App，里面实现一些小工具方便人们日常使用，大家一听全都赞成。

工具箱 App 项目涉及形状绘制、自定义 View、传感器 API 接口、系统广播、动画实现、相机 API 等知识点，根据功能将项目划分为以下几个任务：项目创建与资源导入、项目首页界面、指南针功能、显示电池信息功能、放大镜功能、工具尺功能、分贝测试仪功能、手电筒功能。

学习目标

通过本单元的学习，使学生掌握主要形状绘制、自定义 View、传感器 API 接口、系统广播、动画实现、相机 API 等知识，培养学生发挥个人创造潜力自定义形状、控件的能力，培养学生运用所学知识理解 API 接口文档并灵活使用的能力。项目运行效果如图 3-1 所示。

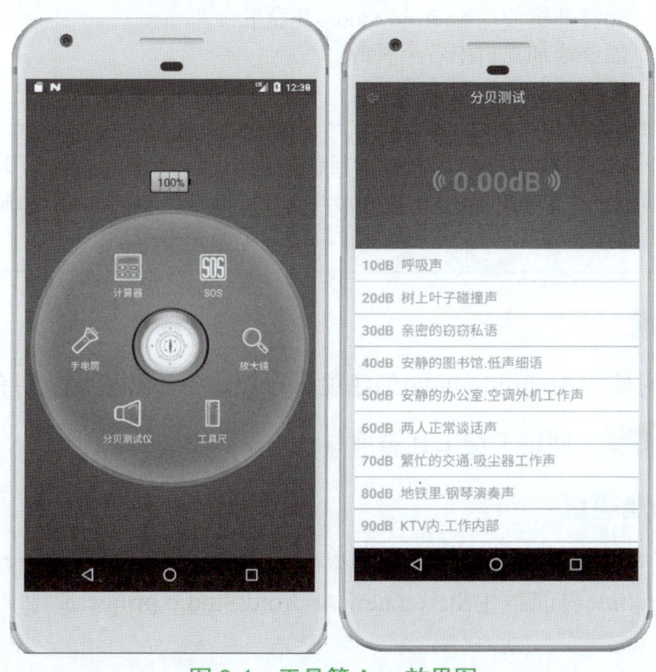

图 3-1　工具箱 App 效果图

任务1 项目创建与资源导入

任务描述

情境描述	项目要着手开发了，小张说，我们的App不但要功能全而多，颜值也一定要高，这样用户才会喜欢使用。大家都说界面上的图片最能吸引人，所以图片一定要做得精美
任务分解	分析上面的工作情境，将任务分解如下： 1. 创建工具箱项目。 2. 资源导入
任务准备	经过分析，本任务需要做以下工作： 1. 学习Android项目框架。 2. 了解项目中可使用的资源类型，以及在项目目录中的存放位置。 3. 学习项目中资源的添加、创建

任务目标

知识目标	1. 掌握Android项目的创建。 2. 掌握Android项目框架，了解项目各目录、文件。 3. 掌握Android项目资源创建、引用
技能目标	1. 能够熟练使用Android Studio开发平台。 2. 能够添加项目中各类资源。 3. 能够熟练引用项目资源
素养目标	思考、实践与总结：通过项目的创建与项目框架的学习，培养勤思考、刻苦钻研的精神；通过Android Studio开发平台的学习，养成多动脑、动手的实践精神；通过资源的添加与引用，学会总结归纳的学习习惯

任务实现

本任务主要学习使用Android Studio创建项目，项目中不同资源文件的导入。

步骤1： 创建工坊工具箱项目。

视 频

项目创建及资源导入

1. 新建项目

启动Android Studio工具，在菜单栏中依次选择File→New→New Project命令，或者在Welcome界面单击Start a new Android Studio project选项，如图3-1-1所示。

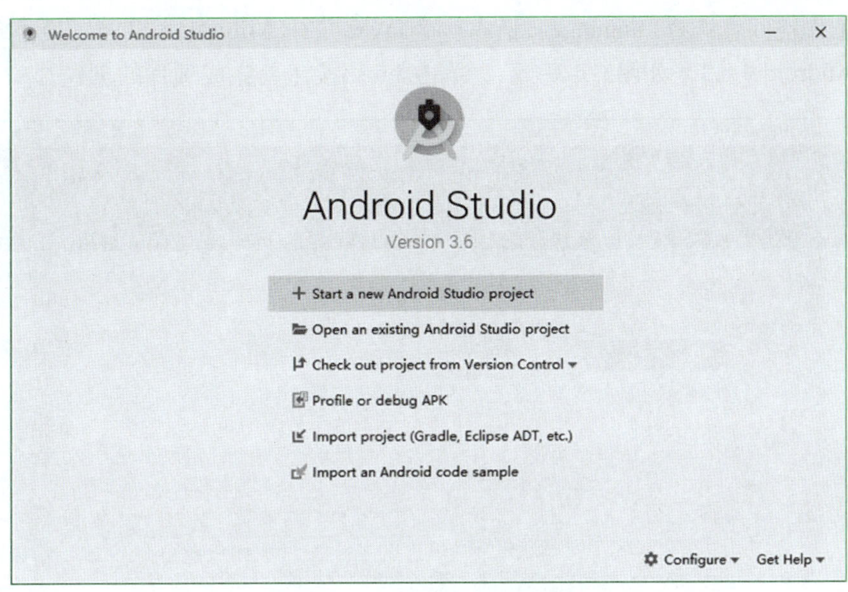

图 3-1-1　创建工坊工具箱项目

2. 选择Empty Activity模板

进入Select a Project Template界面，在该界面中默认选择Empty Activity模板，单击Next按钮，如图3-1-2所示。

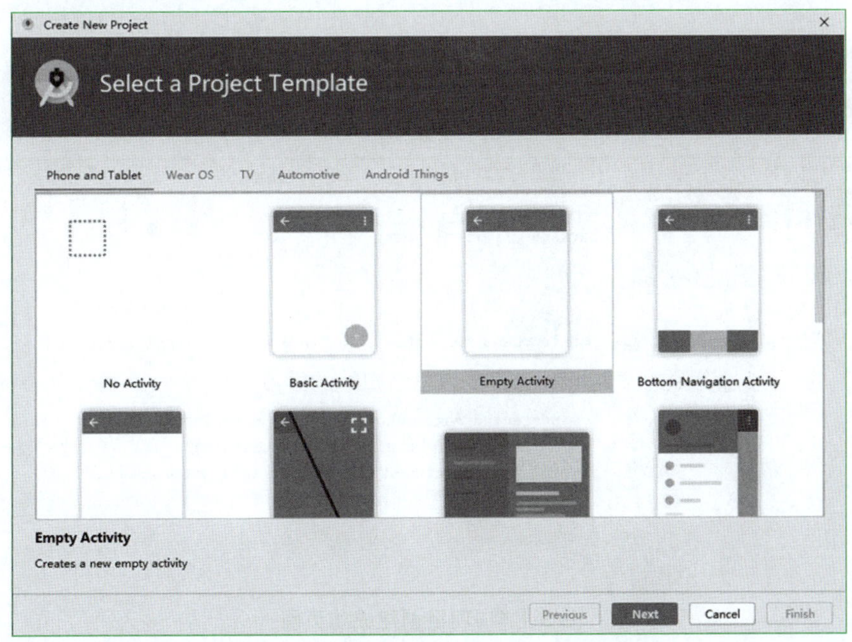

图 3-1-2　Select a Project Template 界面

3. 配置信息

进入Configure Your Project界面，填写Name（项目名称）为ToolBox；填写Package name（包名）为yi.example.com；选择Save location（项目保存路径），将项目保存在自己

的Android工作空间；选择Language（语言）为Java；选择Minimum SDK（最小SDK版本）为API 15 :Android 4.0.3，如图3-1-3所示。单击Finish按钮，完成项目的创建。

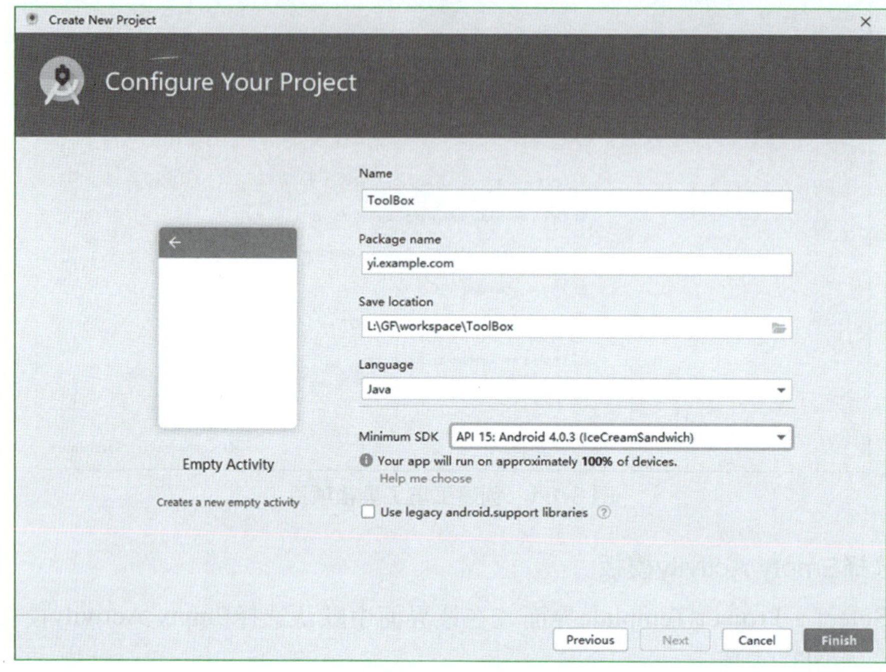

图 3-1-3　Configure Your Project 界面

4. 创建完成

ToolBox项目创建成功，显示图3-1-4所示界面。

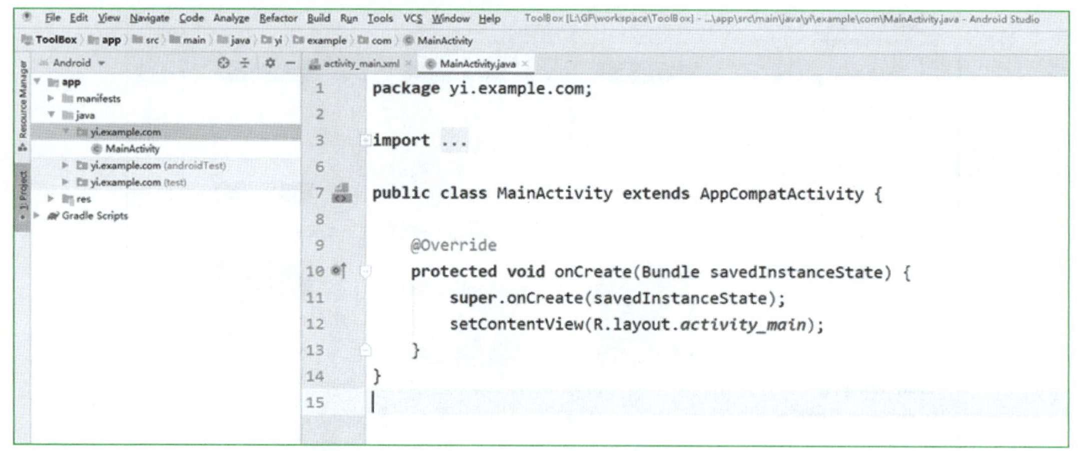

图 3-1-4　项目创建成功页面

步骤2: 资源导入。

选择资源文件\Code\ToolBox\app\src\main\res中下载的图片资源，复制res文件夹中的资源，粘贴到该项目src\main目录下的res文件夹中，替换原来的文件夹。

【项目创建与资源导入】考评记录

姓名		完成日期	
序号	考核内容	标准分	评分
1	新建Android项目	10	
2	Android Studio开发平台使用	10	
3	项目的目录结构中主要目录的含义	30	
4	项目中资源的分类及存储位置	20	
5	项目图片资源的导入	20	
6	项目中资源在源文件及XML文件中的引用方式	10	
总评分		100	

任务心得：

任务 2 项目首页界面

任务描述

情境描述

今天工作休息时，大家在游戏区放松，小李的飞镖技术引起了大家的围观和喝彩，小张看着飞镖盘突然说：“我们开发的工具箱项目，主界面是不是也可以做成一个圆形菜单栏？”这一提议得到了大家的赞许，都说这样的创意很有新意，小李说：“还可以做成能旋转的，这样是不是更酷了！”同事们都夸他俩想法棒

任务分解

分析上面的工作情境，将任务分解如下：

1. 实现菜单按钮布局搭建。
2. 实现自定义圆盘菜单类的编写。
3. 主界面布局搭建。
4. 主界面类编写。
5. 运行项目到手机。
6. 添加所需要权限

任务准备

自定义控件有以下3种实现方式：完全自定义 View、复合组件、修改现有 View 类型。

1. 完全自定义 View

完全自定义View的实现方式是直接继承View，为了能够与视图交互，必须至少提供一个以Context和AttributeSet对象为参数的构造函数，此构造函数允许布局编辑器创建和编辑视图的实例。

例如，要实现圆环形状按钮控件，需要实现Context 和 AttributeSet 对象为参数的构造函数。

```
class MySwitch extends View {
    String text;
    boolean SwitchSatus;
    boolean mShowText;          //mShowText 属性
    int textColor;
    float textHeight,textWidth;
    Paint textPaint,piePaint1,piePaint2;
    public MySwitch(Context context, @Nullable AttributeSetattrs) {
        super(context,attrs);
    }
}
```

大多数情况需定义自定义属性，在项目中添加<declare-styleable>资源，这些资源通常存放在res/values/attrs.xml文件中，需要定义自定义属性showText 和 ON，声明系统属性，它们属于一个名为 MySwitch 的样式实体，这个样式实体的名称与定义自定义视图的类的名称相同。

任务准备

```
<?xml version="1.0" encoding="utf-8"?>
<resources>
    <declare-styleable name="MySwitch">
        <!--  自定义属性 -->
        <attr name="showText" format="boolean"/>
        <attr name="ON" format="boolean"/>
        <!--  使用系统属性 -->
        <attr name="android:textColor"/>
        <attr name="android:textSize"/>
        <attr name="android:text"/>
        <attr name="android:layout_width" />
        <attr name="android:layout_height"/>
    </declare-styleable>
</resources>
```

在布局文件中使用自定义属性和系统属性。

```
<?xml version="1.0" encoding="utf-8"?>
<LinearLayout xmlns:android="http://schemas.android.com/apk/
res/android"
    xmlns:tools="http://schemas.android.com/tools"
    android:layout_width="match_parent"
    android:layout_height="match_parent"
    tools:context=".MainActivity"
    android:orientation="vertical"
    xmlns:custom="http://schemas.android.com/apk/res-auto">
   <com.example.myapplication.MySwitch
       android:layout_width="wrap_content"
       android:layout_height="wrap_content"
       android:text=" 开关 "
       android:textSize="30sp"
       android:textColor="@android:color/black"
       android:layout_gravity="center_horizontal"
       android:layout_marginTop="50dp"
       android:padding="10dp"
       custom:showText="true"
       custom:ON="false"/>
</LinearLayout>
```

为了获取布局文件中配置的属性，需要读取XML布局属性到视图的构造函数中，以实现圆环形状按钮控件为例，需要获取一个 TypedArray 数组，其中包含已解除引用并设置了样式的属性值，然后获取属性值，需要注意 TypedArray 对象是共享资源，必须在使用后回收，构造方法修改如下：

任务准备

```
    public MySwitch(Context context, @Nullable AttributeSetattrs) {
        super(context, attrs);
        TypedArray a= context.getTheme().obtainStyledAttributes(attrs,
R.styleable.MySwitch,0,0);
        text=a.getString(R.styleable.MySwitch_android_text);
        mShowText=a.getBoolean(R.styleable.MySwitch_showText,false);
        textColor=a.getInteger(R.styleable.MySwitch_android_
textColor, 0);
        textHeight=a.getDimension(R.styleable.MySwitch_android_
textSize, 30);
        SwitchSatus=a.getBoolean(R.styleable.MySwitch_ON, false);
        a.recycle();
        init();
        this.setOnClickListener(new MyListener());
    }
```

为了绘制自定义控件的形状，需要Canvas 和 Paint 两个工具类。Canvas 定义可以在屏幕上绘制的形状，Paint则定义绘制的每个形状的颜色、样式和字体等。如下代码创建和初始化绘制对象，获取文本的边框后设置控件最小尺寸。代码如下：

```
    private void init(){
        textPaint=new Paint(Paint.ANTI_ALIAS_FLAG);
        textPaint.setColor(textColor);
        if (textHeight == 0) {
           textHeight = textPaint.getTextSize();
        } else {
           textPaint.setTextSize(textHeight);
        }
        Rect bound=new Rect();
        textPaint.getTextBounds(text,0,text.length(),bound);
        textWidth=bound.width();
        piePaint1 = new Paint(Paint.ANTI_ALIAS_FLAG);
        piePaint1.setStyle(Paint.Style.FILL);
        piePaint1.setColor(Color.GRAY);
        piePaint2= new Paint(Paint.ANTI_ALIAS_FLAG);
        piePaint2.setStyle(Paint.Style.FILL);
        piePaint2.setColor(Color.RED);
        setMinimumHeight(Math.round(textWidth*2));
        setMinimumWidth(Math.round(textWidth*2));
    }
```

为了精细地控制控件的布局参数，要实现 onMeasure()方法。onMeasure()方法的参数是widthMeasureSpec与heightMeasureSpec两个int值。这两个参数实质上是由View的静态内部类MeasureSpec管理的两个特殊的“对象”（并非真正的对象），用于告诉父视图希望的视图尺寸，以及该尺寸是强制性最大值还是只是建议值。widthMeasureSpec与heightMeasureSpec都是两个数值的合成，可以通过MeasureSpec.getSize()和MeasureSpec.getMode()方法进行分解，从而获得SpecMode和SpecSize。SpecMode分三种：UNSPECIFIED、EXACTLY、AT_MOST。UNSPECIFIED表示不指定具体测量模式，EXACTLY表示父view希望子view的尺寸取精确值（即等于SpecSize），AT_MOST表示父view希望子view的尺寸不超过SpecSize。当view的父view对其调用measure()方法时，onMeasure()方法会在过程中被调用，onMeasure()根据SpecMode和SpecSize确定自己的实际尺寸。

```
    @Override
    protected void onMeasure(int widthMeasureSpec, int
heightMeasureSpec) {
        super.onMeasure(widthMeasureSpec, heightMeasureSpec);
        // Try for a width based on our minimum
        int minw = getPaddingLeft() + getPaddingRight() +
getSuggestedMinimumWidth();
        int w = resolveSizeAndState(minw, widthMeasureSpec, 1);
        int h = resolveSizeAndState(MeasureSpec.getSize(w),
heightMeasureSpec, 0);
        setMeasuredDimension(w, h);
    }
```

任务准备

为了计算位置、尺寸以及其他与视图大小相关的值，而不是在每次绘制时都重新计算，可以在onSizeChanged方法中获取。

```
    @Override
    protected void onSizeChanged(int w, int h, int oldw, int oldh) {
        super.onSizeChanged(w, h, oldw, oldh);
        // Figure out how big we can make the pie.
        diameter = Math.min(w, h);
    }
```

得到onlayout的尺寸后需要绘制具体的形状和文字。自定义控件的形状绘制需要重写 onDraw()，并使用Canvas类实现绘制图形和文本，Canvas绘通过drawRect()、drawOval()、 drawArc()等方法绘制基本形状，通过drawText() 方法绘制文本。

```
    @Override
    protected void onDraw(Canvas canvas) {
        super.onDraw(canvas);
        int w=getWidth();
        int h=getHeight();
```

任务准备

```
            Log.i("test","w:h="+w+":"+h);
            int radius=Math.round(diameter/2);
            canvas.drawCircle(radius,radius,radius,piePaint1);
            canvas.drawCircle(radius,radius,radius*3/5,piePaint2);
            if(mShowText)
                canvas.drawText(text,w/2-textWidth/2,h/2+textHeight/4,
textPaint);
        }
```

绘制界面只是创建自定义视图的一个部分，还需要让视图响应用户操作，以自定义实现圆环形状按钮控件为例，要实现点击后改变圆盘颜色，代码如下所示：

```
        class MyListener implements View.OnClickListener{
            @Override
            public void onClick(View v) {
                if(SwitchSatus==true) {
                    SwitchSatus=false;
                    piePaint2.setColor(Color.LTGRAY);
                }
                else {
                    SwitchSatus=true;
                    piePaint2.setColor(Color.RED);
                }
                invalidate();
                requestLayout();
            }
        }
```

通过以上实现圆环形状按钮控件为例，要创建完全自定义控件，涉及以下基本方法：

- 构造方法：为了使 Android Studio 能够与视图交互，必须至少提供一个以 Context 和 AttributeSet 对象为参数的构造函数。
- onMeasure(int, int)：调用以确定此视图及其所有子级的大小要求。
- onSizeChanged(int, int, int, int)：在此视图的大小发生变化时调用。
- onDraw(Canvas)：在视图应渲染其内容时调用。
- onXXX(int, KeyEvent)：在发生新的事件时调用。

2. 复合组件

如果不想创建完全自定义的控件，而是希望整合现有控件，可以创建复合组件。从某种类型的 Layout 入手，因此创建可继承的 Layout 的类，其他布局可以嵌套在其中，因此复合组件可以任意复杂化和结构化。

组合控件也需要自定义属性，在项目中添加 <declare-styleable> 资源，这些资源通常放在 res/values/attrs.xml 文件中。以自定义标题栏为例，自定义属性如下：

任务准备

```
<?xml version="1.0" encoding="utf-8"?>
<resources>
    <declare-styleable name="MyTitle">
        <attr name="android:text"></attr>
    </declare-styleable>
</resources>
```

以自定义标题栏为例，自定义控件的布局采用相对布局，代码如下：

```
<?xml version="1.0" encoding="utf-8"?>
<RelativeLayout xmlns:android="http://schemas.android.com/
apk/res/android"
    xmlns:app="http://schemas.android.com/apk/res-auto"
    xmlns:tools="http://schemas.android.com/tools"
    android:layout_width="match_parent"
    android:layout_height="wrap_content"
    android:background="@android:color/holo_blue_light"
    tools:context=".MyTitle">
    <Button
        android:layout_alignParentLeft="true"
        android:id="@+id/myback"
        android:layout_width="100dp"
        android:layout_height="100dp"
        android:background="@drawable/back"/>
    <TextView
        android:layout_centerInParent="true"
        android:id="@+id/mytitle"
        android:text=" 标题 "
        android:textSize="30sp"
        android:textColor="@android:color/white"
        android:layout_width="wrap_content"
        android:layout_height="wrap_content"/>
</RelativeLayout>
```

为了使 Android Studio 能够与视图交互，必须至少提供一个以 Context 和 AttributeSet 对象为参数的构造函数。自定义组合控件无须替换 onDraw() 和 onMeasure()方法，因为布局的默认行为会正常发挥作用，还可以添加事件处理接口方法，代码如下：

```
public class MyTitle extends RelativeLayout {
    Button button;
    public MyTitle(Context context) {
        super(context);
    }
```

任务准备

```
    public MyTitle(Context context, AttributeSet attrs) {
        super(context, attrs);
        LayoutInflater layoutInflater=LayoutInflater.from (context);
        View view=layoutInflater.inflate(R.layout.activity_
my_title,this);
        TextView textView=view.findViewById(R.id.mytitle);
        TypedArray typedArray=context.getTheme().obtainStyledAttri
butes(attrs,R.styleable.MyTitle,0,0);
        String s=typedArray.getString(R.styleable.MyTitle_
android_text);
        textView.setText(s);
        button=view.findViewById(R.id.myback);
    }
    public void setOnClickBack(View.OnClickListener listener){
        button.setOnClickListener(listener);
    }
}
```

以下代码应用了以上自定义组合控件：

```
<?xml version="1.0" encoding="utf-8"?>
<LinearLayout xmlns:android="http://schemas.android.com/apk/
res/android"
    xmlns:app="http://schemas.android.com/apk/res-auto"
    xmlns:tools="http://schemas.android.com/tools"
    android:layout_width="match_parent"
    android:layout_height="match_parent"
    android:orientation="vertical"
    tools:context=".MainActivity">
    <com.example.apptest.MyTitle
        android:id="@+id/myTitle"
        android:layout_width="match_parent"
        android:layout_height="wrap_content"
        android:text="我的标题" />
</LinearLayout>
```

添加对自定义标题栏返回按钮的监听：

```
public class MainActivity extends AppCompatActivity {
    @Override
    protected void onCreate(Bundle savedInstanceState) {
        super.onCreate(savedInstanceState);
        setContentView(R.layout.activity_main);
```

任务准备

```
            MyTitle myTitle=findViewById(R.id.myTitle);
            myTitle.setOnClickBack(new View.OnClickListener() {
                @Override
                public void onClick(View view) {
                  Log.i("zwr","你点击了返回");
                    onKeyDown(KeyEvent.KEYCODE_BACK,null);
                }
            });
        }
    }
```

3. 修改现有View类型

可以通过修改现有控件创建自定义View，则只需继承该控件并只替换希望更改的行为即可。

如下代码自定义了一个编辑框，实现了文字颜色周期性的变化功能。

```
    class NewEditText extends AppCompatEditText {
        int count=0;
        public NewEditText(Context context, AttributeSet attrs) {
            super(context, attrs);
        }
        @Override
        protected void onTextChanged(CharSequence text, int
start, int lengthBefore, int lengthAfter) {
            super.onTextChanged(text, start, lengthBefore, lengthAfter);
            count++;
            if(count%2==0){
                setTextColor(Color.RED);
            }
            else
                setTextColor(Color.GREEN);
        }
    }
```

在布局文件中，使用完整路径的方式使用自定义组件：

```
    <?xml version="1.0" encoding="utf-8"?>
    <LinearLayout xmlns:android="http://schemas.android.com/apk/
res/android"
        xmlns:tools="http://schemas.android.com/tools"
        android:layout_width="match_parent"
        android:layout_height="match_parent"
        tools:context=".MainActivity"
```

任务准备

```
    android:orientation="vertical"
    xmlns:custom="http://schemas.android.com/apk/res-auto">
    <com.example.myapplication.NewEditText
        android:layout_width="match_parent"
        android:layout_height="wrap_content"
        android:textColor="@color/black"
        android:text="默认文字"/>
</LinearLayout>
```

4. 需求分析

经过分析，本任务需要做以下工作：

（1）学习自定义控件类的编写。

（2）学习复杂布局的嵌套搭建。

（3）学习项目的权限申请

任务目标

知识目标	1. 熟悉自定义控件类的编写过程。 2. 掌握布局的使用。 3. 掌握控件的点击事件处理。 4. 理解项目权限
技能目标	1. 能够编写自定义控件类。 2. 能够应用常用布局搭建复杂界面效果。 3. 能够处理点击事件。
素养目标	严谨与解决问题能力：养成规范编写代码的严谨态度；通过自定义控件的学习，养成勤思考、深钻研的学习态度，提升独立解决问题的能力

任务实现

视 频

项目首页界面

步骤1: 实现菜单按钮布局。

1. 创建布局文件

在res\layout目录下创建circle_menu_item.xml布局文件，用来显示圆盘菜单中的单个选项，布局文件的创建方法：右击layout，在弹出的快捷菜单中选择New→XML→layout XML File命令，如图3-2-1所示。

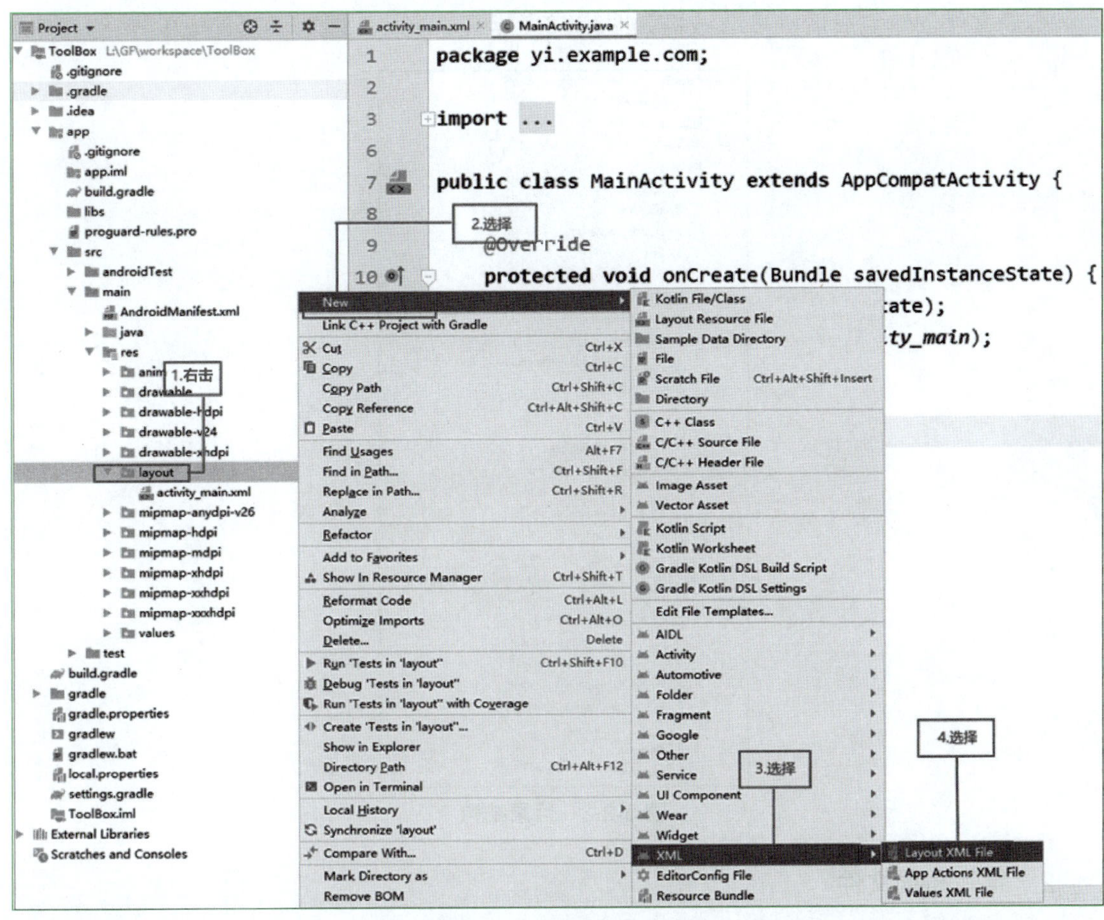

图 3-2-1 创建布局文件

选择Layout XML File命令后，弹出New Android Component对话框，如图3-2-2所示，填写布局名称circle_menu_item和控件标签LinearLayout，然后单击Finish按钮，完成布局文件的创建。

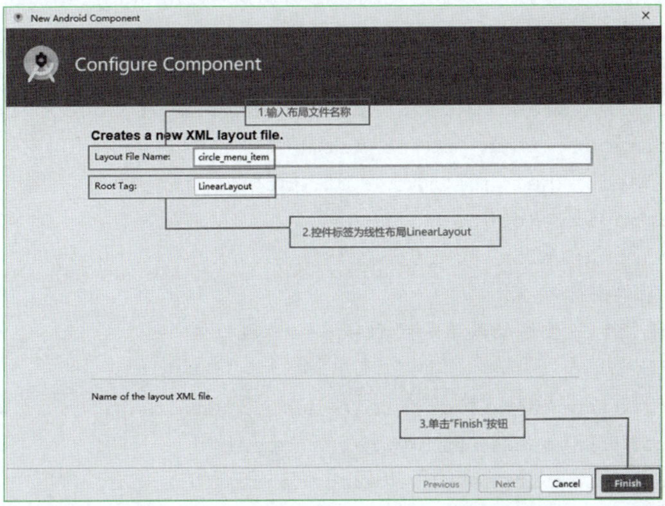

图 3-2-2 New Android Component 对话框

布局文件创建完成后，目录结构如图3-2-3所示。

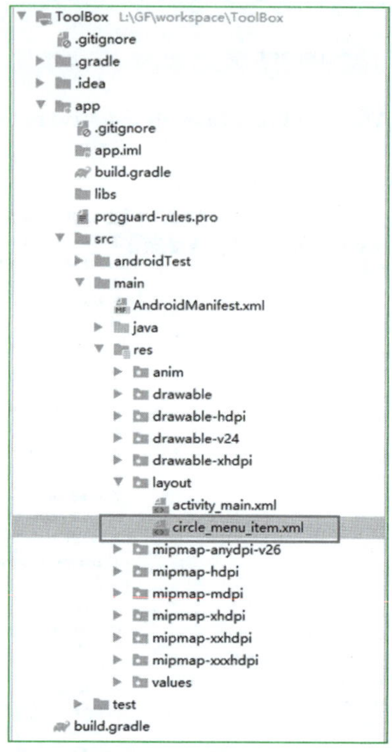

图 3-2-3　目录结构

2. 编写布局文件

创建圆盘菜单时，需要先对菜单中的单个选项进行布局。在单个菜单选项的布局文件circle_menu_item.xml中写入布局代码，具体代码如下：

```
<?xml version="1.0" encoding="utf-8"?>
<!-- 布局控件线性布局 -->
<!--layout_width 布局宽 \layout_height 布局高 -wrap_content 自适应 -->
<!--gravity 布局内部控件位置 -center 中间位置 -->
<!--orientation 线性布局方式 vertical 横向布局 -->
<LinearLayout xmlns:android="http://schemas.android.com/apk/res/android"
    android:layout_width="match_parent"
    android:layout_height="match_parent"
    android:gravity="center"
    android:orientation="vertical">
    <!-- 圆盘菜单图标 -->
    <!--visibility 控件隐藏还是显示 -gone 隐藏控件 -->
    <ImageView
        android:id="@+id/id_circle_menu_item_image"
        android:layout_width="wrap_content"
        android:layout_height="wrap_content"
        android:visibility="gone"/>
```

```
    <!-- 圆盘菜单文字 -->
    <!--textColor 文字颜色 -@android:color/white 系统白色 -->
    <!--textSize 文字大小 -->
    <TextView
        android:id="@+id/id_circle_menu_item_text"
        android:layout_width="wrap_content"
        android:layout_height="wrap_content"
        android:textColor="@android:color/white"
        android:textSize="14.0dip"
        android:visibility="gone"/>
</LinearLayout>
```

步骤2： 自定义圆盘菜单类。

1. 类文件创建

在yi.example.com文件夹下创建view文件夹，用于存放自定义控件。首先需要创建目录。右击yi.example.com，在弹出的快捷菜单中选择New→Package命令（见图3-2-4），弹出New Package对话框，如图3-2-5所示，输入目录名view，单击OK按钮，完成目录的创建。

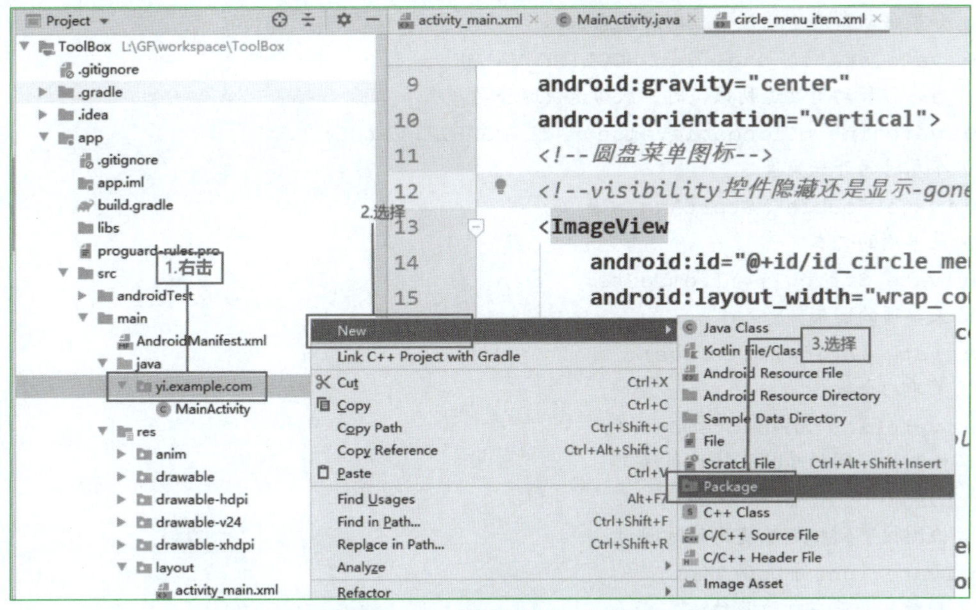

图 3-2-4　目录名输入对话框

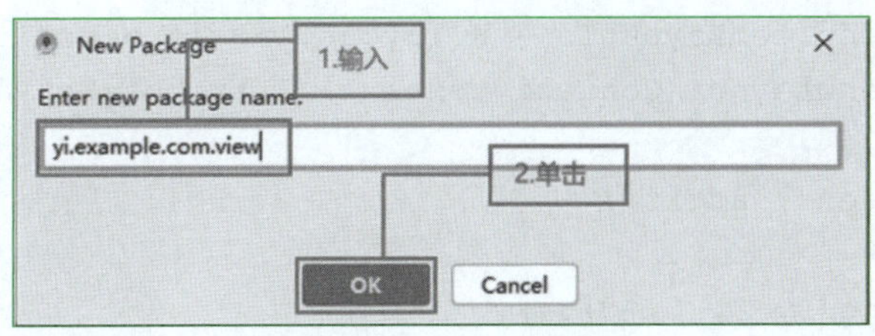

图 3-2-5　输入目录名

右击view目录，新建类，输入类名CircleMenuLayout。

视 频

讲解Circle MenuLayout类

CircleMenuLayout类为自定义圆盘菜单控件，该类继承ViewGroup，主要通过实现onMeasure()方法设置圆盘布局的宽高，并设置菜单按钮的宽高；onLayout()方法设置菜单按钮的位置；dispatchTouchEvent()方法对菜单进行触摸监听，处理手指触摸事件，包含手指按下事件、手指移动事件以及手指抬起事件。通过上述三个主要方法完成对自定义控件类的创建。

2. 类成员定义、初始化

```
private int mRadius;          // 半径值
// 该容器内 child item 的默认尺寸
private static final float RADIO_DEFAULT_CHILD_DIMENSION = 1 / 4f;
// 菜单的中心 child 的默认尺寸
private float RADIO_DEFAULT_CENTERITEM_DIMENSION = 1 / 3f;
// 该容器的内边距，无视 padding 属性，如需边距可用该变量
private static final float RADIO_PADDING_LAYOUT = 1 / 12f;
// 该容器的内边距，无视 padding 属性，如需边距可用该变量
private float mPadding;
// 当每秒移动角度达到该值时，认为是快速移动
private static final int FLINGABLE_VALUE = 300;
// 如果移动角度达到该值，则屏蔽点击
private static final int NOCLICK_VALUE = 3;
// 当每秒移动角度达到该值时，认为是快速移动
private int mFlingableValue = FLINGABLE_VALUE;
// 布局时的开始角度
private double mStartAngle = 0;
// 菜单项的文本
private String[] mItemTexts;
// 菜单项的图标
private int[] mItemImgs;
// 菜单的个数
private int mMenuItemCount;
// 检测按下到抬起时旋转的角度
private float mTmpAngle;
// 检测按下到抬起时使用的时间
private long mDownTime;
// 判断是否正在自动滚动
private boolean isFling;
private int mMenuItemLayoutId = R.layout.circle_menu_item; // 单个按钮布局
public CircleMenuLayout(Context context, AttributeSet attrs)
{
     super(context, attrs);
      // 无视边距
      setPadding(0, 0, 0, 0);
}
```

3. 设置圆盘布局宽高，菜单按钮的宽高

```
//获取默认 layout 的尺寸
private int getDefaultWidth() {
    WindowManager wm = (WindowManager) getContext().getSystemService(
            Context.WINDOW_SERVICE);
    DisplayMetrics outMetrics = new DisplayMetrics();    //获取屏幕大小的类
    wm.getDefaultDisplay().getMetrics(outMetrics);
    return Math.min(outMetrics.widthPixels, outMetrics.heightPixels);
}
//重写 onMeasare() 方法
@Override
protected void onMeasure(int widthMeasureSpec, int heightMeasureSpec) {
    int resWidth = 0;
    int resHeight = 0;
    //根据传入的参数，分别获取测量模式和测量值
    int width = MeasureSpec.getSize(widthMeasureSpec);
    int widthMode = MeasureSpec.getMode(widthMeasureSpec);
    int height = MeasureSpec.getSize(heightMeasureSpec);
    int heightMode = MeasureSpec.getMode(heightMeasureSpec);
    //如果宽或者高的测量模式非精确值
    if (widthMode != MeasureSpec.EXACTLY
            || heightMode != MeasureSpec.EXACTLY) {
        //主要设置为背景图的高度
        resWidth = getSuggestedMinimumWidth();
        //如果未设置背景图片，则设置为屏幕宽高的默认值
        resWidth = resWidth == 0 ? getDefaultWidth() : resWidth;
        resHeight = getSuggestedMinimumHeight();
        //如果未设置背景图片，则设置为屏幕宽高的默认值
        resHeight = resHeight == 0 ? getDefaultWidth() : resHeight;
    } else {
        //如果都设置为精确值，则直接取小值
        resWidth = resHeight = Math.min(width, height);
    }
    setMeasuredDimension(resWidth, resHeight);    //设置布局宽高
    //获得半径
    mRadius = Math.max(getMeasuredWidth(), getMeasuredHeight());
    //菜单按钮数量
    final int count = getChildCount();
    //菜单按钮尺寸
    int childSize = (int) (mRadius * RADIO_DEFAULT_CHILD_DIMENSION);
    //菜单按钮为精确模式
    int childMode = MeasureSpec.EXACTLY ;//父元素决定子元素大小
    //迭代测量
```

```
        for (int i = 0; i < count; i++) {
            final View child = getChildAt(i);
            if (child.getVisibility() == GONE) {
                continue;
            }
            //计算menu item的尺寸；以及和设置好的模式，去对item进行测量
            int makeMeasureSpec = -1;
            if (child.getId() == R.id.id_circle_menu_item_center) {
                makeMeasureSpec = MeasureSpec.makeMeasureSpec((int) (mRadius
* RADIO_DEFAULT_CENTERITEM_DIMENSION),childMode);   // 中心按钮是菜单半径的1/3
            } else {
                makeMeasureSpec = MeasureSpec.makeMeasureSpec(childSize, childMode);
            }
            child.measure(makeMeasureSpec, makeMeasureSpec);
        }
        mPadding = RADIO_PADDING_LAYOUT * mRadius;
    }
```

知识链接

1）MeasureSpec类

一个MeasureSpec封装了父布局传递给子布局的布局要求，每个MeasureSpec代表了一组宽度和高度的要求。一个MeasureSpec由大小和模式组成。它有三种模式：UNSPECIFIED（未指定），父元素不对子元素施加任何束缚，子元素可以得到任意想要的大小；EXACTLY（完全），父元素决定子元素的确切大小，子元素将被限定在给定的边界而忽略它本身大小；AT_MOST（至多），子元素至多达到指定大小的值。

MeaSure Spec类常用的三个函数：

- static int getMode(int measureSpec)：根据提供的测量值（格式）提取模式（上述三个模式之一）。
- static int getSize(int measureSpec)：根据提供的测量值（格式）提取大小值（这个大小也就是人们通常所说的大小）。
- static int makeMeasureSpec(int size,int mode)：根据提供的大小值和模式创建一个测量值（格式）。

这个类通常在view组件的onMeasure()方法中调用。

2）getSuggestedMinimumWidth()方法

getSuggestedMinimumWidth()的返回值，如果View设置了背景，则返回mMinWidth与背景的最小宽度这两者的最大值。mMinWidth也就是android:minWidth属性所指定的值。

3）measure()方法

该方法计算出view应该是多大就调用这个方法。该 view 的父 view 提供宽度和高度的约束信息。view 的 measure 方法的功能是提供给 view 系统，在考虑父view约束的情况下，计算view的实际大小。measure 方法不能被重载，因为 android 的 view 系统要使用该方法实现 view 系统的功能。想要自定义一个 view 大小的计算过程，只能重载 onMeasure 方法。

4. 菜单按钮点击事件处理

```
/**
* MenuItem 的点击事件接口
*/
public interface OnMenuItemClickListener {
    void itemClick(View view, int pos);      // 点击其他菜单按钮
    void itemCenterClick(View view);         // 点击中心菜单按钮
}
/**
* MenuItem 的点击事件接口
*/
private OnMenuItemClickListener mOnMenuItemClickListener;
/**
* 设置 MenuItem 的点击事件接口
* @param mOnMenuItemClickListener
*/
public void setOnMenuItemClickListener(OnMenuItemClickListener
mOnMenuItemClickListener) {
    this.mOnMenuItemClickListener = mOnMenuItemClickListener;
}
```

5. 菜单按钮位置设置

1）设置圆盘上菜单按钮的位置

```
@Override
protected void onLayout(boolean changed, int l, int t, int r, int b) {
    int layoutRadius = mRadius;
    // 获取子布局
    final int childCount = getChildCount();
    int left, top;
    //menu item 的尺寸
    int cWidth = (int) (layoutRadius * RADIO_DEFAULT_CHILD_DIMENSION);
    // 根据 menu item 的个数，计算角度
    float angleDelay = 360 / (getChildCount() - 1);
    // 遍历，设置 menuitem 的位置
```

```
    for (int i = 0; i < childCount; i++) {
        final View child = getChildAt(i);
        if (child.getId() == R.id.id_circle_menu_item_center)
            continue;
        if (child.getVisibility() == GONE) {
            continue;
        }
        mStartAngle %= 360;
        //计算中心点到 menu item 中心的距离
        float tmp = layoutRadius / 2f - cWidth / 2 - mPadding;
        //tmp cosa 即 menu item 中心点的横坐标
        left = layoutRadius
                / 2
                + (int) Math.round(tmp
                * Math.cos(Math.toRadians(mStartAngle)) - 1 / 2f
                * cWidth);
        // tmp sina 即 menu item 的纵坐标
        top = layoutRadius
                / 2
                + (int) Math.round(tmp
                * Math.sin(Math.toRadians(mStartAngle)) - 1 / 2f
                * cWidth);
        child.layout(left, top, left + cWidth, top + cWidth);
        // 叠加尺寸
        mStartAngle += angleDelay;
    }
}
```

知识链接

OnLayout()方法用来确定所有子元素的位置。ViewGroup类型的View和非ViewGroup类型的View的布局过程是不同的，View类型的View通过layout()方法即可完成其布局过程，而ViewGroup类型的View除了通过layout()方法完成自身的布局过程外，还要调用onLayout()方法去遍历子元素并且调用子元素的layout()方法，各个子View再去递归执行这个流程。

2）设置圆盘中心菜单按钮位置

在onLayout()方法中继续添加代码：

```
//找到中心的 View，如果存在设置 onclick 事件
View cView = findViewById(R.id.id_circle_menu_item_center);
if(cView != null){
    cView.setOnClickListener(new OnClickListener() {
        public void onClick(View v) {
```

```
            if (mOnMenuItemClickListener != null) {
                mOnMenuItemClickListener.itemCenterClick(v);
            }
        }
    });
    // 设置 center item 位置
    int cl = layoutRadius / 2 - cView.getMeasuredWidth() / 2;
    int cr = cl + cView.getMeasuredWidth();
    cView.layout(cl, cl, cr, cr);
}
```

6. 菜单选择触摸监听、手指触摸事件

1）根据触摸的位置，计算角度

```
private float getAngle(float xTouch, float yTouch) {
    double x = xTouch - (mRadius / 2d);
    double y = yTouch - (mRadius / 2d);
    return (float) (Math.asin(y / Math.hypot(x, y)) * 180 / Math.PI);
}
```

2）根据当前位置计算象限

```
private int getQuadrant(float x, float y) {
    int tmpX = (int) (x - mRadius / 2);
    int tmpY = (int) (y - mRadius / 2);
    if (tmpX >= 0) {
        return tmpY >= 0 ? 4 : 1;
    } else {
        return tmpY >= 0 ? 3 : 2;
    }
}
```

3）自动滚动的任务

```
private class AutoFlingRunnable implements Runnable {
    private float angelPerSecond;
    public AutoFlingRunnable(float velocity) {
        this.angelPerSecond = velocity;
    }
    public void run() {
        // 如果小于 20，则停止
        if ((int) Math.abs(angelPerSecond) < 20) {
            isFling = false;
            return;
        }
        isFling = true;
```

```
        // 不断改变 mStartAngle，让其滚动，/30 为了避免滚动太快
        mStartAngle += (angelPerSecond / 30);
        // 逐渐减小这个值
        angelPerSecond /= 1.0666F;
        postDelayed(this, 30);          // 延时调用
        // 重新布局
        requestLayout();
    }
}
```

4）菜单选择触摸监听，手指触摸事件

```
// 记录上一次的 x、y 坐标
private float mLastX;
private float mLastY;
// 自动滚动的 Runnable
private AutoFlingRunnable mFlingRunnable;
@Override
public boolean dispatchTouchEvent(MotionEvent event) {
    float x = event.getX();
    float y = event.getY();
    switch (event.getAction()) {
        case MotionEvent.ACTION_DOWN:                   // 手指按下事件
            mLastX = x;
            mLastY = y;
            mDownTime = System.currentTimeMillis();
            mTmpAngle = 0;
            // 如果当前已经在快速滚动
            if (isFling) {   // 手指按下时，圆盘快速转动，否则停止转动。此操作圆
盘处理，返回 true 事件，不再往下分发
                // 移除快速滚动的回调
                removeCallbacks(mFlingRunnable);
                isFling = false;
                return true;
            } // 手指按下时，如果圆盘没有快速旋转，圆盘不处理，交给下一级菜单按钮处理
            break;
        case MotionEvent.ACTION_MOVE:                   // 手指移动事件
            /**
             * 获得开始的角度
             */
            float start = getAngle(mLastX, mLastY);
            /**
             * 获得当前的角度
             */
            float end = getAngle(x, y);
```

```
        // 如果是 1、4 象限，则直接计算 end-start，角度值都是正值
        if (getQuadrant(x, y) == 1 || getQuadrant(x, y) == 4) {
            // 单击的点所处的象限，如果是 1-4 象限，角度值是正数，否则是负数
            mStartAngle += end - start;
            mTmpAngle += end - start;
        } else
        //2、3 象限，则角度值是负值
        {
            mStartAngle += start - end;
            mTmpAngle += start - end;
        }
        // 重新布局
        requestLayout();
        mLastX = x;
        mLastY = y;
        break;                          // 事件分发给下一级
    case MotionEvent.ACTION_UP:  // 手指抬起事件
        // 计算，每秒移动的角度
        float anglePerSecond = mTmpAngle * 1000
                / (System.currentTimeMillis() - mDownTime);
        // 如果达到该值认为是快速移动
        if (Math.abs(anglePerSecond) > mFlingableValue && !isFling){
            //post 一个任务，去自动滚动
            post(mFlingRunnable = new AutoFlingRunnable(anglePerSecond));
            return true;// 移动速度快，进入自动旋转状态，圆盘处理，不再分发事件给下一级
        }
        //  如果当前旋转角度超过 NOCLICK_VALUE，屏蔽点击
        if (Math.abs(mTmpAngle) > NOCLICK_VALUE) {
           return true;// 如果抬起时，移动角度大，圆盘处理，不再分发事件给下一级
        }// 如果移动慢，角度小，事件分发给下一级，即菜单按钮
        break;
    }
    return super.dispatchTouchEvent(event);
}
```

7. 设置菜单条目的图标与文件

1）添加菜单项

```
private void addMenuItems() {
    LayoutInflater mInflater = LayoutInflater.from(getContext());
    /**
     * 根据用户设置的参数，初始化 view
     */
    for (int i = 0; i < mMenuItemCount; i++) {
```

```
        final int j = i;
        View view = mInflater.inflate(mMenuItemLayoutId, this, false);
        ImageView iv = (ImageView) view
                .findViewById(R.id.id_circle_menu_item_image);
        TextView tv = (TextView) view
                .findViewById(R.id.id_circle_menu_item_text);
        if (iv != null) {
            iv.setVisibility(View.VISIBLE);
            iv.setImageResource(mItemImgs[i]);
            iv.setOnClickListener(new OnClickListener() {
                @Override
                public void onClick(View v) {
                    if (mOnMenuItemClickListener != null) {
                        mOnMenuItemClickListener.itemClick(v, j);
                    }
                }
            });
        }
        if (tv != null) {
            tv.setVisibility(View.VISIBLE);
            tv.setText(mItemTexts[i]);
        }
        // 添加view到容器中
        addView(view);
    }
}
```

2）设置菜单条目的图标和文本

```
public void setMenuItemIconsAndTexts(int[] resIds, String[] texts) {
    mItemImgs = resIds;
    mItemTexts = texts;
    //参数检查
    if (resIds == null && texts == null) {
        throw new IllegalArgumentException("菜单项文本和图片至少设置其一");
        }
        //初始化mMenuCount
        mMenuItemCount = resIds == null ? texts.length : resIds.length;
        if (resIds != null && texts != null) {
            mMenuItemCount = Math.min(resIds.length, texts.length);
        }
        addMenuItems();
    }
```

步骤3： 主界面布局搭建。

根据设计要求，首页使用圆盘菜单进行布局。打开res\layout目录下activity_main.xml文件，该文件是首页布局文件，首先删除文件中自动生成的代码，然后添加首页布局代码，这里使用自定义控件CircleMenuLayout对圆盘菜单进行布局，具体代码如下：

```
<?xml version="1.0" encoding="utf-8"?>
<!-- 布局控件线性布局 -->
<!--layout_width 布局宽 \layout_height 布局高 -match_parent 布局占满全部容器 -->
<!--gravity 布局内部控件位置 -center_vertical 横向中间位置 -->
<!--orientation 线性布局方式 vertical 横向布局 -->
<!--background 设置背景图片 -@drawable/bg 图片位置 drawwable 文件夹下的名称为 bg 的图片 -->
<LinearLayout xmlns:android="http://schemas.android.com/apk/res/android"
    android:layout_width="match_parent"
    android:layout_height="match_parent"
    android:background="@drawable/bg"
    android:gravity="center_vertical"
    android:orientation="vertical">
    <!-- 电量信息布局 -->
    <!--gravity 布局内部控件位置 -center_vertical 中间位置 -->
    <!--onClick 为控件添加点击事件 -onDC 在代码中可以重写 onDC 方法添加单击事件 -->
    <!--orientation 线性布局方式 horizontal 纵向布局 -->
    <LinearLayout
        android:layout_width="match_parent"
        android:layout_height="wrap_content"
        android:gravity="center"
        android:onClick="onDC"
        android:orientation="horizontal">
        <!-- 显示当前电量信息 -->
        <!--id 为控件赋予名称方便代码中调用 -->
        <!--text 为控件设置文字 -->
        <!--textColor 文字颜色 -#000000 黑色 -->
        <!--textSize 文字大小 -->
        <TextView
            android:id="@+id/batterytv"
            android:layout_width="wrap_content"
            android:layout_height="wrap_content"
            android:gravity="center"
            android:text="35%"
            android:textColor="#000000"
            android:textSize="16sp" />
    </LinearLayout>
    <!-- 自定义圆盘菜单 -->
```

```
    <!--padding 设置容器内部空间距离布局的距离 -->
    <yi.example.toolbox.view.CircleMenuLayout
        android:id="@+id/id_menulayout"
        android:layout_width="match_parent"
        android:layout_height="match_parent"
        android:background="@drawable/circle_bg3"
        android:padding="100dp">
        <!-- 圆盘中间位置布局 -->
        <RelativeLayout
            android:id="@+id/id_circle_menu_item_center"
            android:layout_width="wrap_content"
            android:layout_height="wrap_content">
            <!-- 指南针图片 -->
            <!--layout_centerInParent 设置控件在 RelativeLayout 布局中部居中 -->
            <ImageView
                android:id="@+id/iv_znz"
                android:layout_width="104.0dip"
                android:layout_height="104.0dip"
                android:layout_centerInParent="true"
                android:background="@drawable/znz" />
            <!-- 指南针外框 -->
            <ImageView
                android:layout_width="116.0dip"
                android:layout_height="116.0dip"
                android:layout_centerInParent="true"
                android:background="@drawable/turnplate_mask_unlogin_normal" />
        </RelativeLayout>
    </yi.example.toolbox.view.CircleMenuLayout>
</LinearLayout>
```

布局代码完成后单击Design标签，查看首页圆盘菜单的布局效果，布局成功后显示效果如图3-2-6所示。

图 3-2-6　首页圆盘菜单的布局效果

步骤4： 主界面类。

打开yi.example.com文件夹下的MainActivity类文件，该类用于调用自定义圆盘菜单控件CircleMenuLayout，调用圆盘菜单时，需要先初始化自定义圆盘菜单CircleMenuLayout，并实现setOnMenuItemClickListener()方法，用于实现圆盘菜单的点击事件，具体代码如下：

```
package yi.example.com;
import android.app.Activity;
import android.os.Bundle;
import android.view.View;
import android.widget.Toast;
import yi.example.com.view.CircleMenuLayout;
import yi.example.com.view.CircleMenuLayout.OnMenuItemClickListener;
public class MainActivity extends Activity {
    private CircleMenuLayout mCircleMenuLayout;   // 自定义圆盘菜单
    private String[] mItemTexts = new String[]{"放大镜 ", "工具尺 ", "分
贝测试仪 ", "手电筒 "," 计算器 ", "SOS"};          // 圆盘菜单显示文字
    private int[] mItemImgs = new int[]{R.drawable.home_mbank_1_normal,
        R.drawable.home_mbank_2_normal, R.drawable.home_mbank_3_normal,
        R.drawable.home_mbank_4_normal, R.drawable.home_mbank_5_normal,
        R.drawable.home_mbank_6_normal};    // 圆盘菜单显示图片
    @Override
    protected void onCreate(Bundle savedInstanceState) {
        super.onCreate(savedInstanceState);
        setContentView(R.layout.activity_main);   // 导入布局
        // 初始化圆盘控件
        mCircleMenuLayout = (CircleMenuLayout) findViewById(R.id.id_menulayout);
        // 初始化圆盘控件菜单
        mCircleMenuLayout.setMenuItemIconsAndTexts(mItemImgs, mItemTexts);
        // 自定义控件点击事件
        mCircleMenuLayout.setOnMenuItemClickListener(new OnMenuItemClickListener() {
                    @Override
                    public void itemClick(View view, int pos) {
                        if (pos == 0) {     // 下标为 0 的按钮单击事件
                            Toast.makeText(getApplicationContext(), "点
击菜单按钮 0 执行方法 ",  Toast.LENGTH_SHORT).show();
                        }
                        if (pos == 1) {     // 下标为 1 的按钮单击事件
                            Toast.makeText(getApplicationContext(), "点
击菜单按钮 1 执行方法 ", Toast.LENGTH_SHORT).show();
                        }
                        if (pos == 2) {     // 下标为 2 的按钮单击事件
```

```
                    Toast.makeText(getApplicationContext(), "点
击菜单按钮 2 执行方法", Toast.LENGTH_SHORT).show();
                }
                if (pos == 3) {     // 下标为 3 的按钮单击事件
                    Toast.makeText(getApplicationContext(), "点
击菜单按钮 3 执行方法",  Toast.LENGTH_SHORT).show();
                }
                if (pos == 4) {     // 下标为 4 的按钮单击事件
                    Toast.makeText(getApplicationContext(), "点
击菜单按钮 4 执行方法", Toast.LENGTH_SHORT).show();
                }
                if (pos == 5) {     // 下标为 5 的按钮单击事件
                    Toast.makeText(getApplicationContext(), "点
击菜单按钮 5 执行方法",  Toast.LENGTH_SHORT).show();
                }
            }
            @Override
            // 圆盘中间单击事件
            public void itemCenterClick(View view) {
                Toast.makeText(getApplicationContext(), "单击中
心按钮执行方法",  Toast.LENGTH_SHORT).show();
            }
        });
    }
}
```

步骤5: 运行项目到手机。

单击工具栏中的“手机选择”按钮，选择“ceshi”测试机，如图3-2-7所示。

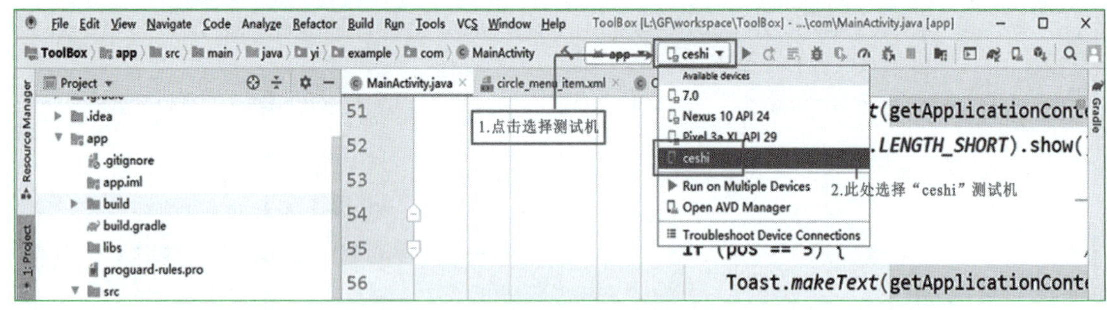

图 3-2-7　工具栏中手机选择按钮

选择好要测试的手机后，单击“运行”按钮，运行项目，如图3-2-8所示。

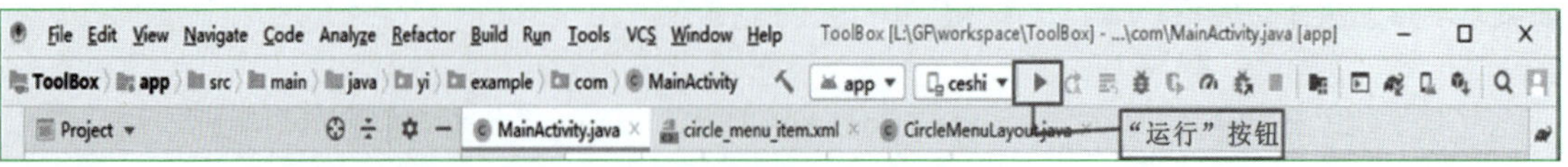

图 3-2-8　运行按钮

圆盘菜单在手机上的运行效果如图3-2-9所示。

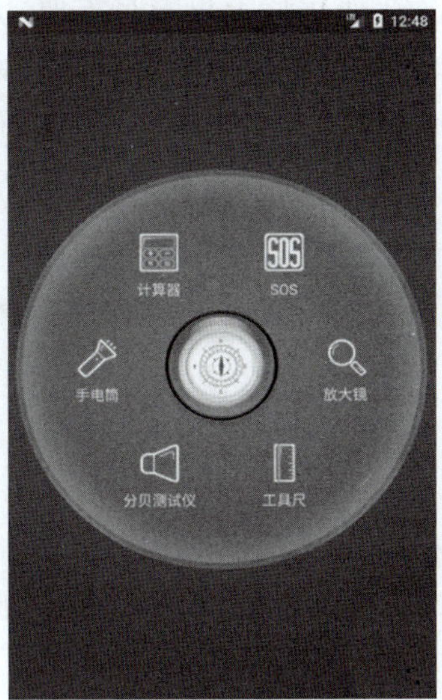

图 3-2-9 运行效果

步骤6： 添加所需要权限。

打开main文件夹下的AndroidManifest.xml布局文件，在该文件中申请权限，具体代码如下：

```
<manifest xmlns:android="http://schemas.android.com/apk/res/android"
    xmlns:tools="http://schemas.android.com/tools"
    package="yi.example.toolbox">
    <!-- 允许应用程序获取网络信息 -->
    <uses-permission android:name="android.permission.ACCESS_NETWORK_STATE" />
    <!-- 允许程序访问相机 -->
    <uses-permission android:name="android.permission.CAMERA" />
    <uses-feature android:name="android.hardware.camera" />
    <!-- 允许程序修改全局音频设置 -->
    <uses-permission android:name="android.permission.MODIFY_AUDIO_SETTINGS" />
    <!-- 允许程序录制音频 -->
    <uses-permission android:name="android.permission.RECORD_AUDIO" />
    <!-- sd卡获得写的权限 -->
    <uses-permission android:name="android.permission.WRITE_EXTERNAL_STORAGE" />
    <!--允许访问闪光灯  -->
    <uses-permission android:name="android.permission.FLASHLIGHT" />
    <!--允许程序保持进程不进入休眠状态 -->
    <uses-permission android:name="android.permission.WAKE_LOCK"/>
    <!--允许应用程序读取或写入安全系统设置 -->
    <uses-permission android:name="android.permission.WRITE_SECURE_SETTINGS"
        tools:ignore="ProtectedPermissions" />
  <uses-permission android:name="com.huawei.permission.external_app_
settings.USE_COMPONENT"/>
```

由于Google从Android 6.0 开始引入了权限申请机制，将所有权限分成了正常权限和危险权限。应用的相关功能每次在使用危险权限时需要动态地申请并得到用户的授权才能使用，这里不仅需要在AndroidManifest.xml中添加所需权限，还要在MainActivity中添加动态申请权限代码，具体在onCreate()方法中添加如下代码：

```
    if (ContextCompat.checkSelfPermission(this, android.Manifest.permission.
CAMERA) != PackageManager.PERMISSION_GRANTED) {
        ActivityCompat.requestPermissions(this, new String[]{Manifest.
permission.CAMERA}, 1000);
    } else {
        //说明已经获取到摄像头权限了
    }
    if (ContextCompat.checkSelfPermission(this, Manifest.permission.WRITE_
EXTERNAL_STORAGE) != PackageManager.PERMISSION_GRANTED) {
        ActivityCompat.requestPermissions(this, new String[]{Manifest.
permission.WRITE_EXTERNAL_STORAGE}, 1000);
    } else {
        //说明已经获取到 sd 卡写的权限了
    }
    if (ContextCompat.checkSelfPermission(this, Manifest.permission.RECORD_
AUDIO) != PackageManager.PERMISSION_GRANTED) {
        ActivityCompat.requestPermissions(this, new String[]{Manifest.
permission.RECORD_AUDIO}, 1000);
    } else {
        //说明已经获取到录制音频的权限了
    }
    if (ContextCompat.checkSelfPermission(this, Manifest.permission.MODIFY_
AUDIO_SETTINGS) != PackageManager.PERMISSION_GRANTED) {
        ActivityCompat.requestPermissions(this, new String[]{Manifest.
permission.MODIFY_AUDIO_SETTINGS}, 1000);
    } else {
        //说明已经获取到修改全局音频的权限了
    }
    if (ContextCompat.checkSelfPermission(this, Manifest.permission.WAKE_
LOCK) != PackageManager.PERMISSION_GRANTED) {
        ActivityCompat.requestPermissions(this, new String[]{Manifest.
permission.WAKE_LOCK}, 1000);
    } else {
            //说明已经获取到保持进程不进入休眠的权限
    }
```

任务考评

【项目首页界面】考评记录

姓名		完成日期	
序号	考核内容	标准分	评分
1	自定义圆盘菜单类中，设置圆盘菜单与菜单按钮大小	20	
2	自定义圆盘菜单类中，设置菜单按钮位置	20	
3	自定义圆盘菜单类中，自动滚动任务	10	
4	自定义圆盘菜单类中，菜单选择触摸监听、手指触摸事件处理	10	
5	自定义圆盘菜单类中，设置菜单条目的图标与文件	10	
6	主界面布局搭建	10	
7	主界面类实现	10	
8	项目权限申请	10	
	总评分	100	

任务心得：

任务 3 指南针功能

任务描述

情境描述	项目组小张今早卡着点，大汗淋淋地冲进了公司，大家关心地问他发生了什么事情？原来小张早起送了个朋友去火车站，本来时间计划充足，可是由于路线不熟悉，而且小张本身方向感特别差，把自己走糊涂了，差点上班迟到。小李说，我们赶快把工具箱里的指南针实现了，这样小张以后就不会迷路了。大家都笑开了
任务分解	分析上面的工作情境，将任务分解如下： 1. 使用系统传感器实现指南针功能。 2. 取消传感器

任务准备

1. Android系统传感器概述

Android系统提供了对传感器的支持，如果手机设备的硬件提供了这些传感器，Android应用可以通过传感器获取设置的外界条件。包括手机设置的运行状态、屏幕方向和各种环境条件等。Android 使用传感器框架访问这些传感器并获取传感器的原始数据。传感器框架是 android.hardware软件包的一部分，包含了以下类和接口：

SensorManager：可以使用该类创建传感器服务的实例。该类提供了各种方法访问和列出传感器，注册和取消注册传感器事件监听器，以及获取屏幕方向信息。它还提供了几个传感器常量，用于报告传感器精确度，设置数据采集频率和校准传感器。

Sensor：可以使用该类创建特定传感器的实例。该类提供了各种方法来确定传感器的特性。

SensorEvent：系统使用该类创建传感器事件对象，该对象提供有关传感器事件的信息。传感器事件对象中包含以下信息：原始传感器数据、生成事件的传感器类型、数据的准确度和事件的时间戳。

SensorEventListener：可以使用此接口创建两种回调方法，以在传感器值或传感器精确度发生变化时接收通知（传感器事件）。

在典型的应用中，可以使用这些与传感器相关的API执行两个基本任务：

识别传感器和传感器特性，如果应用具有依赖于特定传感器类型或特性的功能，则在运行时识别传感器和传感器特性非常有用。例如，可能希望识别设备上的所有传感器，以便于停用依赖于不存在的传感器的应用功能。同样，可能希望识别特定类型的所有传感器，以便选择可以为应用带来最佳性能的传感器实现。

监控传感器事件，可以通过监控传感器事件来获取原始传感器数据。每当传感器检测到它所测量的参数发生变化时，就会发生传感器事件。传感器事件可提供 4 项信息：触发事件的传感器的名称、事件的时间戳、事件的准确度以及触发事件的原始传感器数据。

2. 识别传感器和传感器特性

Android 传感器框架提供了几个方法，可确定设备上有哪些传感器。该 API 还提供了相关方法来确定每个传感器的特性。要识别设备上的传感器，首先需要获

任务准备

得对传感器服务的引用。即采用 getSystemService()方法并传入 SENSOR_SERVICE 参数来创建 SensorManager 类的实例。例如：

```
    private SensorManager sensorManager;
    sensorManager = (SensorManager) getSystemService(Context.
SENSOR_SERVICE);
```

接下来，调用 getSensorList()方法并使用 TYPE_ALL 常量获取设备上每种传感器的列表。例如：

```
    List<Sensor> deviceSensors = sensorManager.getSensorList
(Sensor.TYPE_ALL);
```

如果想列出特定类型的所有传感器，可以使用其他常量来代替 TYPE_ALL，例如 TYPE_GYROSCOPE、TYPE_LINEAR_ACCELERATION 或 TYPE_GRAVITY。

还可以使用 getDefaultSensor()int type方法并传入特定传感器的类型常量，来确定设备上是否存在相关类型的传感器。如果设备上有多个特定类型的传感器，则必须将其中一个指定为默认传感器。如果没有指定默认传感器，则该方法调用会返回 null，这表示设备没有该类型的传感器。例如，以下代码会检查设备上是否有磁力计：

```
    private SensorManager sensorManager;
        ...
    sensorManager = (SensorManager) getSystemService(Context.
SENSOR_SERVICE);
    if (sensorManager.getDefaultSensor(Sensor.TYPE_MAGNETIC_
FIELD) != null){
        // 为真，有磁力针
    } else {
        // 为假，没有磁力针
    }
```

还可以使用Sensor类的公共方法来确定各个传感器的功能和属性。例如，可以使用getResolution()和getMaximumRange()方法获取传感器的分辨率和最大测量范围。

如果想针对不同制造商的传感器或不同版本的传感器进行优化。例如，应用程序监控用户手势（倾斜和晃动），可以为特定供应商的重力传感器创建一组数据过滤规则和优化。

3. 监控传感器事件

1）注册传感器

通常在Activity的onResume()方法中调用SensorManager的registerListener()方法为指定传感器注册监听器，程序通过实现监听器即可获取传感器传回来的数据。

SensorManager提供的注册传感器的方法为registerListener(SensorEventListener listener, Sensor sensor, int rate);

第一个参数是监听传感器事件的监听器。该监听器需要实现SensorEventListener接口。

任务准备	第二个参数是当前注册的传感器对象。
	第三个参数指定获取传感器数据的频率。
	支持以下几个频率值：
	SensorManager.SENSOR_DELAY_FASTEST 最快，延迟最小，只有特别依赖传感器数据的应用推荐采用这种频率。
	SensorManager.SENSOR_DELAY_GAME 适合游戏的频率。
	SensorManager.SENSOR_DELAY_UI 适合普通用户界面的频率。
	SensorManager.SENSOR_DELAY_NORMAL正常频率，对实时性要求不是特别高的应用适合使用。
	2）取消注册
	`sensorManager.unregisterListener(SensorEventListener listener);`
	3）SensorEventListener监听
	要监视原始的传感器数据，需要实现两个通过SensorEventListener接口暴露的回调方法：
	`onAccuracyChanged() 和 onSensorChanged()。`
	例如，磁阻传感器的方向改变时会调用onSensorChanged方法。当传感器的精度变化时会调用onAccuracyChanged方法。
	4. 需求分析
	经过分析，本任务需要做以下工作：
	（1）学习传感器的获取与使用。
	（2）学习Android中动画实现。
	（3）学习Activity生命周期知识

任务目标

知识目标	1. 掌握系统传感器分类。 2. 掌握常用传感器的使用。 3. 掌握Android动画应用。 4. 了解Activity的生命周期
技能目标	1. 能够使用几种常用传感器实现程序功能。 2. 能够运用Android动画完成动态效果。 3. 能够分析、设计代码逻辑
素养目标	耐心与严谨：规范编写代码，养成添加注释习惯，勤思考，多动手，通过新知识的学习不断提升自我学习能力

任务实现

步骤1： 使用系统传感器实现指南针功能。

为了实现指南针功能需要使用传感器，需要在yi.example.com文件夹下的MainActivity

类中实现SensorEventListener（监视传感器事件）。完成指南针功能，涉及指南针图片、图片旋转角度、传感器管理类，需要建立相应对象，并且初始化对象。

（1）完成指南针功能需要使用传感器功能，因此，程序中需要实现传感器接口。

视 频

指南针功能的设计(1)

具体代码如下：

```
public class MainActivity extends Activity implements SensorEventListener
```

实现SensorEventListener（监视传感器事件）的接口需要导入实现的方法，将光标移动至错误提示语句后，按【Alt+Enter】组合键，在弹出的列表中选择Implement methods选项（见图3-3-1），在弹出的对话框中选择需要导入实现的方法，单击OK按钮，完成方法的导入，如图3-3-2所示。

```
public class MainActivity extends Activity implements SensorEventListener {
    private CircleMenuLayout mCircleMenuLayout;//自定义圆盘菜单
    private String[] mItemTexts = new String[]{"放大镜 ", "工具尺", "分贝测
            "计算器", "SOS"};//圆盘菜单显示文字
    private int[] mItemImgs = new int[]{R.drawable.home_mbank_1_normal,
            R.drawable.home_mbank_2_normal, R.drawable.home_mbank_3_normal,
            R.drawable.home_mbank_4_normal, R.drawable.home_mbank_5_normal,
            R.drawable.home_mbank_6_normal};//圆盘菜单显示图片
    //定义显示指南针图片的控件
    private ImageView image_znz;
```

Implement methods
Make 'MainActivity' abstract
Create subclass
Unimplement Interface

图 3-3-1 选择 Implement methods 选项

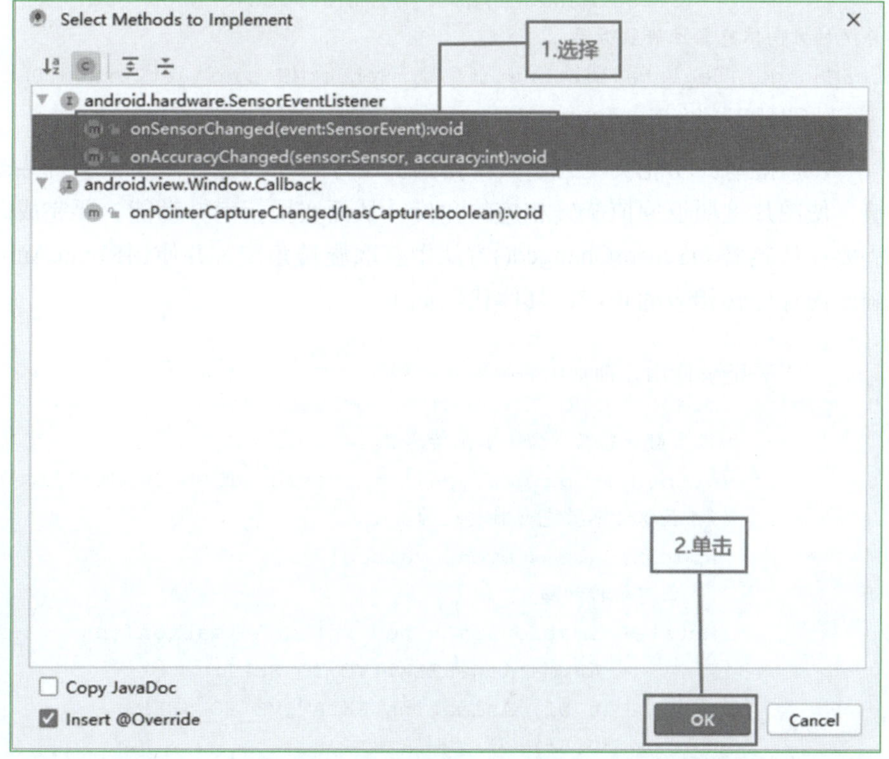

图 3-3-2 选择需要导入实现的方法

方法导入后自动生成的代码如下：

```
@Override
public void onSensorChanged(SensorEvent event) {
}
@Override
public void onAccuracyChanged(Sensor sensor, int accuracy) {
}
```

（2）开发指南针功能，需要声明相关控件，包括指南针图片、图片旋转角度、传感器管理类。

具体代码如下：

```
//定义显示指南针的图片控件
private ImageView image_znz;
//记录指南针图片转过的角度
private float angle = 0f;
//定义传感器的管理器
private SensorManager mSensorManager;
```

onCreate()方法中：

```
image_znz = (ImageView) findViewById(R.id.iv_znz);        //指南针图片
//获取真机的传感器管理服务
mSensorManager = (SensorManager)getSystemService(SENSOR_SERVICE);
//为系统的方向传感器注册监听器
mSensorManager.registerListener(this,mSensorManager.getDefaultSensor
(Sensor.TYPE_ORIENTATION),SensorManager.SENSOR_DELAY_GAME);
```

视　频

指南针功能的设计(2)

（3）指南针功能实现为了实现指南针图片转动功能，需要根据传感器返回的值，使图片按照返回值旋转相应的角度，从而实现指南针功能。要完成以上功能需要在传感器onSensorChanged()方法中获取旋转角度，并使用RotateAnimation动画使图片旋转相应的角度，具体代码如下：

```
@Override
public void onSensorChanged(SensorEvent event) {
    //如果当前传感器类型为水平传感器
    if (event.sensor.getType() == Sensor.TYPE_ORIENTATION) {
        //获取传感器绕 z 轴转过的角度
        float Zangle = event.values[0];
        //创建旋转动画
        RotateAnimation ra = new RotateAnimation(angle, -Zangle,
                Animation.RELATIVE_TO_SELF,
                0.5f, Animation.RELATIVE_TO_SELF,
                0.5f);
```

```
            //设置动画的持续时间
            ra.setDuration(200);
            //设置动画结束后的保留状态
            ra.setFillAfter(true);
            //IMageView 指南针图片，启动动画
            image_znz.startAnimation(ra);
            angle = -Zangle;
        }
    }
```

步骤2： 取消传感器。

视 频

取消指南针

1. 取消传感器监听

当页面停止活动时（来电话时、切换到其他界面时或者按【Home】键使应用处于后台状态时），需要按【Ctrl+O】组合键重写Android生命周期中的onPause()方法，在页面停止活动时调用该方法。在该方法中添加取消传感器注册的代码，具体代码如下：

```
@Override
protected void onPause() {
    super.onPause();
    //取消注册
    mSensorManager.unregisterListener(this);//取消注册，取消指南针传感器监听
}
```

2. 传感器注册

因为在页面停止活动时，传感器被注销，指南针停止工作，当该页面再次被启用时，需要注册传感器，使指南针开始工作。按【Ctrl+O】组合键实现Android生命周期中的onRestart()方法，当页面启动时调用该方法。在方法中使用registerListener()方法重新注册传感器，使指南针继续工作，具体代码如下：

```
@Override
protected void onRestart() {
    super.onRestart();
    //为传感器注册监听器
    mSensorManager.registerListener(this,
            mSensorManager.getDefaultSensor(Sensor.TYPE_ORIENTATION),
            SensorManager.SENSOR_DELAY_GAME);
}
```

完成以上操作后，使用手机传感器实现的指南针功能就完成了，可在手机上查看运行效果。

任务考评

【指南针功能】考评记录

姓名		完成日期	
序号	考核内容	标准分	评分
1	获取指南针相关的传感器	20	
2	传感器注册监听	30	
3	获取传感器旋转角度	10	
4	定义动画，并设置给控件	30	
5	取消传感器注册	10	
总评分		100	
任务心得：			

任务4 显示电池信息功能

任务描述

情境描述	项目组今天出现了分歧，主要是关于是否把手机电量显示功能做到工具箱项目中，有人认为手机上都有显示电量的功能，没必要再去实现，可有人认为，还是需要的，经过慎重考虑后，组长认为手机的电量是非常重要的信息，作为工具箱还是应该包含这个功能，可以用图形的形式展示出来，引起使用者的关注
任务分解	分析上面的工作情境，将任务分解如下： 1. 实时显示电池信息功能。 2. 创建广播接收者实时接收电量信息。 3. 电池图片单击功能
任务准备	经过分析，本任务需要做以下工作： 1. 学习广播接收者的注册与使用。 2. 学习对话框编程

任务目标

知识目标	1. 理解广播工作机制。 2. 掌握广播接收者接收系统广播消息。 3. 掌握对话框编写
技能目标	1. 能够编写广播接收者类。 2. 能够通过广播接收者接收到系统广播消息。 3. 能够发送自定义广播消息，并接收。 4. 能够实现对话框
素养目标	耐心与严谨：规范编写代码，养成添加注释习惯，勤思考，多动手，独立解决问题，遇到困难能够迎难而上

任务实现

实时显示电池信息功能。

视 频

实现显示电池信息的功能

1. 控件声明

要实现显示电池信息，需要先声明使用的相关控件及数据，包括显示电量的TextView，以及根据不同电量显示的背景图片的数组等。

MainActivity类添加成员：

```
    //电量显示 textview
    private TextView batterytv;
    //不同电量显示图片数组
    private int[] batterystatusimgs = {R.drawable.battery1, R.drawable.
battery2, R.drawable.battery3};
```

```
// 电量多少切换图片的标准数组
private int[] batterystatuspercent = {75, 30, 0};
```

在MainActivity类的onCreate()方法中添加查找控件代码：

```
batterytv = (TextView) findViewById(R.id.batterytv);        // 电池信息显示
```

2. 接收电池信息的广播接收者类定义

为了实时显示电量信息，需要使用BroadcastReceiver创建广播接收者实时接收电池信息并设置显示，首先定义广播接收者，然后在onBatteryInfoReceiver( )方法中根据不同的电池信息，设置电池显示不同的背景。

MainActivity类中定义广播接收者成员：

```
/**
* 创建广播接收 电池电量信息
*/
private BroadcastReceiver mBatInfoReceiver = new BroadcastReceiver() {
    public void onReceive(Context context, Intent intent) {
        String action = intent.getAction();
        if (Intent.ACTION_BATTERY_CHANGED.equals(action)) {
            int intLevel = intent.getIntExtra("level", 0);      // 当前电量
            int intScale = intent.getIntExtra("scale", 100);   // 总电量
            onBatteryInfoReceiver(intLevel, intScale);
        }
    }
};
```

在MainActivity类中定义成员方法：

```
/**
* 设置电量百分比，切换电池不同电量图片
*/
public void onBatteryInfoReceiver(int intLevel, int intScale) {
    //参数是电池电量，总电量
    int bp = intLevel * 100 / intScale;
    batterytv.setText(bp + "%");
    if (bp >= batterystatuspercent[2]) {    // 电量大于 0 时设置电池背景
        batterytv.setBackgroundResource(batterystatusimgs[2]);
                                            // 设置电池红色背景
    }
    if (bp >= batterystatuspercent[1]) {    // 电量大于 30% 时设置电池背景
        batterytv.setBackgroundResource(batterystatusimgs[1]);
                                            // 设置电池黄色背景
    }
    if (bp >= batterystatuspercent[0]) {    // 电量大于 70% 时设置电池背景
```

```
        batterytv.setBackgroundResource(batterystatusimgs[0]);
                                                        //设置电池绿色背景
    }
}
```

3. 注册广播接收者

在MainActivity类的onCreate()方法中添加：

```
//电池电量监听显示注册广播接收器
registerReceiver(mBatInfoReceiver,
    new IntentFilter(Intent.ACTION_BATTERY_CHANGED));
```

步骤2： 创建广播接收者接收电量信息。

视 频

创建电池接收器

在yi.example.com文件夹下新建一个文件夹，命名为util，并在新建的util文件夹下创建ElectricityBR类，该类继承BroadcastReceiver（广播接收者）用于接收电池信息。BroadcastReceiver是Android四大基本控件之一，这种控件本质上是一种全局监听器，用于监听系统全局的广播消息。它可以接收来自系统和应用的广播，并使用AlertDialog显示电池信息，具体代码如下：

```
public class ElectricityBR extends BroadcastReceiver {
    Dialog dialog = null;
    @Override
    public void onReceive(Context context, Intent intent) {
        if (Intent.ACTION_BATTERY_CHANGED.equals(intent.getAction())) {
            int level = intent.getIntExtra("level", 0);          //当前电量
            int scale = intent.getIntExtra("scale", 0);          //总电量
            int voltage = intent.getIntExtra("voltage", 0);      //电压
            int temperature = intent.getIntExtra("temperature", 0);
                                                    //电池的温度
            String technology = intent.getStringExtra("technology");
                                                    //电池的类型
            if (dialog == null) {                   //设置对话窗标题
                dialog = new AlertDialog.Builder(context) .setTitle("电
池电量")                                            //设置消息内容
                    .setMessage("电池电量为：" + String.valueOf(level * 100 / scale)
                        + "%\n" + "电池电压为："
                        + String.valueOf((float) voltage / 1000) + "v"
                        + "\n电池类型为：" + technology + "\n"
                        + "电池温度为："
                        + String.valueOf((float) temperature / 10) + "°C")
                    .setNegativeButton("关闭", new DialogInterface.
OnClickListener() {
                        public void onClick(DialogInterface arg0,  int arg1)
                        {                   //设置按钮
                        }
```

```
                }).create();
            dialog.show();                    //显示电池信息
        }
    }
  }
}
```

步骤3： 电池图标单击功能。

要想实现电池图标的单击功能，需要在yi.example.com文件下的MainActivity类中添加电池信息单击事件代码，该方法中使用自定义ElectricityBR()广播接收器，实时接收电池信息并显示，具体代码如下：

```
public void onDC(View v){
    ElectricityBR receiver = new ElectricityBR(); //接收电量信息
    IntentFilter filter = new IntentFilter(Intent.ACTION_BATTERY_CHANGED);
                                                 //声明电量信息接收者
    MainActivity.this.registerReceiver(receiver, filter);   //注册广播
}
```

学习笔记

任务考评

【显示电池信息功能】考评记录

姓名		完成日期	
序号	考核内容	标准分	评分
1	实时电量信息接收广播接收者类的定义及注册实现	30	
2	根据电量显示不同图片功能实现	20	
3	按钮事件广播接收者类的定义及显示功能实现	30	
4	按钮单击事件处理实现	20	
总评分		100	

任务心得：

任务 5 放大镜功能

任务描述

情境描述	开发组员小陶说："昨晚孩子衣服纽扣掉了，我给缝呢，忙活半天才把线穿好，看来老眼昏花了，真是岁月不饶人呀。"小李说："陶姐，我们这就开发放大镜功能，下次穿针可以用上啦。"大家听后都哄堂大笑
任务分解	分析上面的工作情境，将任务分解如下： 1．搭建放大镜界面布局。 2．实现相机预览功能。 3．实现焦距调节功能。 4．实现主页面向放大镜界面的跳转

任务准备

1．打开Camera对象

获取Camera对象的实例是直接控制相机流程的第一步。与使用Android自身相机应用的方式一样，建议通过从onCreate()方法启动的单独线程上打开Camera的方式访问相机。这种方法非常好，因为这样做可能会争取一些时间，从而延迟界面线程。在更基本的实现中，打开相机的操作可以推迟到onResume()方法，这样便于重用代码并尽可能简化控制流程。

如果相机已被其他应用使用，则调用Camera.open()方法会抛出异常，因此将其封装在try块中。

```
private boolean safeCameraOpen(int id) {
    boolean qOpened = false;
    try {
        releaseCameraAndPreview();
        camera = Camera.open(id);
        qOpened = (camera != null);
    } catch (Exception e) {
        Log.e(getString(R.string.app_name), "failed to open Camera");
        e.printStackTrace();
    }
    return qOpened;
}
private void releaseCameraAndPreview() {
    preview.setCamera(null);
    if (camera != null) {
        camera.release();
        camera = null;
    }
}
```

从API 级别 9 开始，相机框架支持多个摄像头。如果使用的是旧版 API 并且调用不带参数的 open()方法，则会获得第一个后置摄像头。

任务准备

2. 创建相机预览

在拍摄照片时，用户通常要先看到拍摄目标的预览效果，然后再按下快门。为此，可以使用 SurfaceView 绘制摄像头传感器需要获取的内容的预览效果。

预览需要实现 android.view.SurfaceHolder.Callback 接口，该接口用于将图片数据从相机硬件传递到相机应用。

```
class Preview extends ViewGroup implements SurfaceHolder.Callback {
    SurfaceView surfaceView;
    SurfaceHolder holder;
    Preview(Context context) {
        super(context);
        surfaceView = new SurfaceView(context);
        addView(surfaceView);
        holder = surfaceView.getHolder();
        holder.addCallback(this);
        holder.setType(SurfaceHolder.SURFACE_TYPE_PUSH_BUFFERS);
    }
    …
}
```

必须先将预览类传递给Camera对象，然后动态图片预览才会启动。

设置并启动预览必须按特定顺序创建相机实例及其相关预览，其中相机对象位于第一位。在下面的代码段中，初始化相机的过程已经过封装，这样每当用户执行操作以更改相机时，setCamera()方法都会调用 Camera.startPreview()。还必须在预览类 surfaceChanged()回调方法中重启预览。

```
public void setCamera(Camera camera) {
    if (mCamera == camera) { return; }
    stopPreviewAndFreeCamera();
    mCamera = camera;
    if (mCamera != null) {
        List<Size> localSizes = mCamera.getParameters().
getSupportedPreviewSizes();
        supportedPreviewSizes = localSizes;
        requestLayout();
        try {
            mCamera.setPreviewDisplay(holder);
        } catch (IOException e) {
            e.printStackTrace();
            }
            // 调用 Start Preview() 开启预览
            // 必须先启动预览，然后才能拍照
            mCamera.startPreview();
        }
    }
```

任务准备

3. 修改相机设置

相机设置会更改相机拍照的方式（从缩放级别到曝光补偿）。此示例只会更改预览大小；查看相机应用的源代码以了解更多信息。

```
@Override
public void surfaceChanged(SurfaceHolder holder, int format,
int w, int h) {
//设置相机参数并开始预览
    Camera.Parameters parameters = mCamera.getParameters();
    parameters.setPreviewSize(previewSize.width, previewSize.height);
    requestLayout();
    mCamera.setParameters(parameters);
    mCamera.startPreview();
}
```

设置预览屏幕方向，大多数相机应用会将屏幕锁定为横屏模式，因为这是摄像头传感器的自然屏幕方向。此设置不会阻止拍摄纵向模式的照片，因为设备的屏幕方向会记录在 EXIF 头文件中。通过 setCameraDisplayOrientation()方法，可以更改预览的显示方式，而不会影响图片的记录方式。不过，在 API 级别 14 之前的 Android 中，必须先停止预览，再更改屏幕方向，然后重启预览。

4. 拍照

使用 Camera.takePicture()方法在启动预览后拍照。可以创建 Camera.PictureCallback 和 Camera.ShutterCallback 对象并将其传递到 Camera.takePicture()。

如果要连续抓取图片，可以创建 Camera.PreviewCallback，用于实现 onPreviewFrame()。对于这些图片之间的图片，可以仅捕获选定的预览画面，或设置延迟操作以调用 takePicture()。

5. 重启预览

拍摄一张照片后，必须重启预览，然后用户才能拍摄另一张照片。在下面的示例中，重启是通过过载快门按钮完成的。

```
@Override
public void onClick(View v) {
    switch(previewState) {
    case K_STATE_FROZEN:
        camera.startPreview();
        previewState = K_STATE_PREVIEW;
        break;
    default:
        camera.takePicture( null, rawCallback, null);
        previewState = K_STATE_BUSY;
    } //switch
    shutterBtnConfig();
}
```

任务准备

6. 停止预览并释放相机

应用使用相机完成操作后，应该对相机进行清理。具体来说，必须释放Camera对象，否则可能会面临其他应用（包括自己应用的新实例）崩溃的风险。

应在何时停止预览并释放相机？如果预览表面遭到破坏，则明确表示应该停止预览并释放相机（如Preview类中的下列方法所示）。

```
@Override
public void surfaceDestroyed(SurfaceHolder holder) {
    if (mCamera != null) {
        // 调用 StopPreview() 停止预览画面
        mCamera.stopPreview();
    }
}
/**
 * 当此函数返回时，mCamera 将为 null
 */
private void stopPreviewAndFreeCamera() {
    if (mCamera != null) {
// 调用 stopPreview() 停止预览画面
        mCamera.stopPreview();
// 调用 release() 来释放相机以供其他应用程序使用。应用程序应该在
onPause() 期间立即释放相机，并在 onResume() 期间重新打开相机
        mCamera.release();
        mCamera = null;
    }
}
```

7.需求分析

经过分析，本任务需要做以下工作：

（1）学习SurfaceView控件的使用。

（2）学习SeekBar控件的使用。

（3）学习手机相机的API

任务目标

知识目标	1. 掌握SurfaceView控件的原理与基本用法。 2. 掌握SeekBar控件的使用。 3. 掌握手机系统相机的相关操作
技能目标	1. 能够熟练使用SurfaceView完成相关应用的开发。 2. 能够熟练使用SeekBar控件。 3. 能够熟练调用系统相机
素养目标	坚毅：通过深入学习SurfaceView控件培养刻苦钻研的精神，通过代码的编写与调试，养成独立思考、解决问题的习惯，遇到困难能够迎难而上，坚持学习的品质

任务实现

视 频
布局放大镜界面

步骤1: 搭建放大镜界面布局。

使用SurfaceView视图控件显示放大镜界面，SeekBar控件控制放大倍数。右击java/yi.example.toolbox目录，新建New-Activity-EmptyActivity，在弹出的对话框中输入CamerActivity，在java/yi.example.toolbox包下生成CamerActivity类，在res/layout目录下创建了activity_camer.xml布局文件，并在清单文件中对该Activity进行了注册。下面编写activity_camer.xml布局文件，在其中添加如下代码：

```
<?xml version="1.0" encoding="utf-8"?>
<LinearLayout xmlns:android="http://schemas.android.com/apk/res/android"
    android:layout_width="match_parent"
    android:layout_height="match_parent"
    android:background="@drawable/bg"
    android:orientation="vertical">
    <RelativeLayout
        android:id="@+id/rl"
        android:layout_width="match_parent"
        android:layout_height="45dp"
        android:background="#0000">
        <!-- 返回按钮 -->
        <Button
            android:id="@+id/bt_back"
            android:layout_width="35dp"
            android:layout_height="35dp"
            android:layout_alignParentLeft="true"
            android:layout_margin="5dp"
            android:background="@drawable/back_bg"
            android:onClick="onBack" />
        <TextView
            android:id="@+id/tv_title"
            android:layout_width="wrap_content"
            android:layout_height="35dp"
            android:layout_centerHorizontal="true"
            android:layout_margin="5dp"
            android:gravity="center_vertical"
            android:text=" 放大镜 "
            android:textColor="@android:color/black"
            android:textSize="20dp" />
    </RelativeLayout>
    <RelativeLayout
        android:layout_width="match_parent"
        android:layout_height="match_parent">
```

```
<!-- 相机预览控件 -->
<SurfaceView
    android:id="@+id/surfaceView"
    android:layout_width="match_parent"
    android:layout_height="match_parent"
    android:visibility="visible" />
<!-- 放大镜页面背景 -->
<RelativeLayout
    android:layout_width="fill_parent"
    android:layout_height="wrap_content"
    android:layout_alignParentTop="true"
    android:background="@drawable/camera_background">
    <!-- 减少放大倍数图标 -->
    <ImageView
        android:id="@+id/delete"
        android:layout_width="wrap_content"
        android:layout_height="wrap_content"
        android:layout_alignParentBottom="true"
        android:paddingBottom="50dip"
        android:paddingLeft="30dip"
        android:src="@drawable/delete" />
    <!-- 增加放大倍数图标 -->
    <ImageView
        android:id="@+id/add"
        android:layout_width="wrap_content"
        android:layout_height="wrap_content"
        android:layout_alignParentBottom="true"
        android:paddingBottom="50dip"
        android:paddingLeft="200dip"
        android:src="@drawable/add" />
    <!-- 放大倍数控制 -->
    <!--max 为定义 seekbar 的 0 ~ max 设置的值，该项目为 0 ~ 20-->
    <!--progress 设置初始进度值 -->
    <!--paddingBottom 控件下边界距离下边控件的距离 -->
    <!--paddingLeft 控件左边界距离左边控件的距离 -->
    <SeekBar
        android:id="@+id/seekBar"
        android:layout_width="230dip"
        android:layout_height="wrap_content"
        android:layout_alignParentBottom="true"
        android:max="20"
        android:paddingBottom="20dip"
        android:paddingLeft="30dip"
        android:progress="1"
```

```
                android:progressDrawable="@drawable/seekbar_style" />
        </RelativeLayout>
    </RelativeLayout>
</LinearLayout>
```

知识链接

1. SurfaceView简介

Android提供了View进行绘图处理，View是通过刷新重绘视图，Android系统通过发出VSYNC信号进行屏幕重绘，刷新的间隔时间为16 ms。如果在16 ms内View完成了需要执行的所有操作，那么用户在视觉上，就不会产生卡顿的感觉；反之，如果操作的逻辑过多时，就会掉帧从而使得用户感觉到卡顿。特别是需要频繁刷新的界面中，如游戏，就会不断阻塞主线程，从而导致界面卡顿。而Android提供了SurfaceView解决这种情况。

SurfaceView 拥有独立的绘图表面，即它不与其宿主窗口共享同一个绘图表面。由于拥有独立的绘图表面，因此SurfaceView的UI就可以在一个独立的线程中进行绘制。又由于不会占用主线程资源，SurfaceView 一方面可以实现复杂而高效的UI，另一方面又不会导致用户输入得不到及时响应。

2. SeekBar 控件拖动条

几个常用的属性，如在Java代码中可调用setXXX()方法进行设置。

```
android:max="100"                           // 滑动条的最大值
android:progress="60"                       // 滑动条的当前值
android:secondaryProgress="70"              // 二级滑动条的进度
android:thumb = "@mipmap/sb_icon"           // 滑块的 drawab
```

SeekBar的事件SeekBar.OnSeekBarChangeListener需重写三个对应的方法:

onProgressChanged：进度发生改变时触发。

onStartTrackingTouch：按住SeekBar时触发。

onStopTrackingTouch：放开SeekBar时触发。

视 频

实现放大镜的功能

步骤2： 实现相机预览功能。

1. 相机预览功能

打开CamerActivity.java文件，在该类中添加代码，实现SurfaceHolder.Callback（是SurfaceHolder接口内部的静态子接口），用于实现相机预览功能。定义成员并初始化界面。

```
public class CamerActivity extends Activity implements SurfaceHolder.Callback {
    private SurfaceView mSurfaceView;                      // 用于显示内容
    private int value = 50;                                // 设置焦距
```

```
    private Camera.Parameters parameters;                   // 相机服务
    private Camera mCamera;                                 // 注册相机
    private SurfaceHolder holder;                           // 获取 ui 线程和 绘制线程
    private boolean mFlag = true;                           // 判断相机是否开启
    private int mCameraId = 0;                              // 注册的相机 id
    private static final int BACK_CAMERA = 0;               // 用于判断相机 ID
    private static final int ROTATION = 90;                 // 转动角度
    private static final int REVERT = 180;                  // 转动角度
    private static final int PREVIEW_WIDTH = 320;  // 设置显示相机宽度
    private static final int PREVIEW_HEIGHT = 240; // 设置相机高度
    private int mZoomMax;                                   // 相机放大倍数
    private SeekBar mSeekBar;                               // 用于调整放大镜放大缩小
    @Override
    protected void onCreate(Bundle savedInstanceState) {
        super.onCreate(savedInstanceState);
        setContentView(R.layout.activity_camer);  // 加载布局
        getWindow().setFlags(WindowManager.LayoutParams.FLAG_KEEP_
SCREEN_ON, WindowManager.LayoutParams.FLAG_KEEP_SCREEN_ON);// 设置窗体始终点亮
        getWindow().setFlags(WindowManager.LayoutParams.FLAG_FULLSCREEN,
WindowManager.LayoutParams.FLAG_FULLSCREEN);
        // 设置窗体全屏
        setRequestedOrientation(ActivityInfo.SCREEN_ORIENTATION_PORTRAIT);
        // 设置屏幕为竖屏
        mSurfaceView = (SurfaceView) findViewById(R.id.surfaceView);
        // 初始化 surfaceView
        holder = mSurfaceView.getHolder();         // 获得句柄
        holder.addCallback(this);                  // 添加回调
        holder.setType(SurfaceHolder.SURFACE_TYPE_PUSH_BUFFERS);
        // 兼容旧的 API
      }
  }
  // 在 surface 的大小发生改变时激活
  public void surfaceChanged(SurfaceHolder holder, int format, int width,
int height) {
      startCamera();                       // 当 surfaceview 创建时开启相机
  }
  // 在创建时激活，一般在这里调用画图的线程
  public void surfaceCreated(SurfaceHolder holder) {
      startCamera();
  }
  // 销毁时激活，一般在这里将画图的线程停止、释放
  public void surfaceDestroyed(SurfaceHolder holder) {
  }
```

2. 开启相机功能并设置相关参数使相机内容显示到界面上

```
private void startCamera() {
    // TODO Auto-generated method stub
    if (mFlag) {                                          //判断相机是否开启
        if (mCamera != null) {                            //判断相机是否为空
            mCamera.stopPreview();                        //停止相机服务
            mCamera.release();                            //释放手机摄像头
            mCamera = null;                               //设置相机为空
        }
    }
    try {
       mCamera = Camera.open(mCameraId);    //开启 id 为 mCameraId 的相机
    } catch (RuntimeException e) {
        e.printStackTrace();
        mCamera = null;                             //设置相机为空
    }
    if (mCamera != null) {                          // 判断相机是否为空
        mCamera.setDisplayOrientation(mCameraId == BACK_CAMERA ?
ROTATION: ROTATION);
        parameters = mCamera.getParameters();       //获取相机参数
        //设置对焦模式为持续对焦（最好先判断一下手机是否有这个对焦模式，有些手机没
有会报错）
      parameters.setFocusMode(Camera.Parameters.FOCUS_MODE_CONTINUOUS_ PICTURE);
        parameters.setPictureFormat(PixelFormat.JPEG); //设置预览照片的格式
        parameters.set("orientation", "portrait"); //解决自定义相机角度问题
        parameters.setPreviewSize(PREVIEW_WIDTH, PREVIEW_HEIGHT);
        //设置预览照片的大小
        parameters.setRotation(mCameraId == BACK_CAMERA ? ROTATION :
REVERT+ROTATION);                                     //设置预览旋转角度
        String str=parameters.get("max-zoom");        //获取相机最大 zoom
        Log.i("zwr","max-zoom="+str);
        // 获取最大像素
        mZoomMax = (int)(Double.parseDouble(str));
        parameters.setZoom(30);                       // 设置放大倍数
        mCamera.setParameters(parameters);            // 设置相机参数
        try {
            mCamera.setPreviewDisplay(holder);        //设置相机预览
            mCamera.startPreview();                   //开始预览
            mFlag = true;                             //记录相机开启
        } catch (Exception e) {
            mCamera.release();                        //释放相机
        }
    }
}
```

```
@Override
protected void onPause() {              //应用程序启动其他Acitivity时调用
    // TODO Auto-generated method stub
    super.onPause();
    try {
        if (mCamera != null) {
            mCamera.stopPreview();  //停止预览
            mCamera.release();      //释放手机摄像头
            mCamera = null;         //置空摄像头
        }
    } catch (Exception e) {
        e.printStackTrace();
    }
}
```

知识链接

SurfaceView控件的基本使用步骤：

（1）首先继承SurfaceView并实现SurfaceHolder.Callback接口，需要重写以下方法：

```
//在surface的大小发生改变时激活
public void surfaceChanged(SurfaceHolder holder,int format,int width,
int height){}
//在创建时激活，一般在这里调用画图的线程
public void surfaceCreated(SurfaceHolder holder){}
//销毁时激活，一般在这里将画图的线程停止、释放
public void surfaceDestroyed(SurfaceHolder holder) {}
```

因为使用SurfaceView 有一个原则，所有绘图工作必须得在Surface 被创建之后才能开始，而在Surface 被销毁之前必须结束。所以Callback 中的surfaceCreated 和surfaceDestroyed 就成了绘图处理代码的边界。（Surface—表面，这个概念在图形编程中常常提到。基本上用户可以将其当作显存的一个映射，写入Surface 的内容可以被直接复制到显存从而显示出来，这使得显示速度会非常快。）

（2）SurfaceView.getHolder()：获得SurfaceHolder对象。

（3）SurfaceHolder.addCallback(callback)：添加回调函数。

（4）SurfaceHolder.lockCanvas()：获得Canvas对象并锁定画布。

（5）Canvas：绘画。

（6）SurfaceHolder.unlockCanvasAndPost(Canvas canvas)：结束锁定画图，并提交改变，将图形显示。

SurfaceView的一个模板代码如下：

```
public class SurfaceViewTemplate extends SurfaceView implements
SurfaceHolder.Callback,Runnable{
```

```
        private SurfaceHolder mHolder;
        private Canvas mCanvas;
        private boolean mIsDrawing;
        //构造方法
        public SurfaceViewTemplate(Context context) {
            super(context);
            initView();
        }
        public SurfaceViewTemplate(Context context, AttributeSet attrs) {
            super(context, attrs);
        }
        public SurfaceViewTemplate(Context context, AttributeSet attrs, int
defStyleAttr) {
            super(context, attrs, defStyleAttr);
        }
        private void initView() {
            mHolder=getHolder();
            mHolder.addCallback(this);
            setFocusable(true);
            setFocusableInTouchMode(true);
            this.setKeepScreenOn(true);
        }
        @Override
        public void surfaceCreated(SurfaceHolder holder) {
            mIsDrawing=true;
            new Thread(this).start();
        }
        @Override
        public void surfaceChanged(SurfaceHolder holder, int format, int
width, int height) {
        }
        @Override
        public void surfaceDestroyed(SurfaceHolder holder) {
            mIsDrawing=false;
        }
        @Override
        public void run() {
            while (mIsDrawing){
                draw();
                //通过线程休眠以控制刷新速度
                try {
                    Thread.sleep(50);
                } catch (InterruptedException e) {
                    e.printStackTrace();
                }
            }
        }
        private void draw() {
```

```
        try {
            mCanvas=mHolder.lockCanvas();
            //初始化画布并在画布上画一些东西
        }catch (Exception e){

        }finally {
            //判断画布是否为空，从而避免黑屏情况
            if(mCanvas!=null){
                mHolder.unlockCanvasAndPost(mCanvas);
            }
        }
    }
}
```

步骤3： 实现焦距调节功能。

在CamerActivity类中使用SeekBar控件设置焦距的大小，用于实现调节放大镜放大倍数的功能。查找控件初始化，并且实现setOnSeekBarChangeListener()方法绑定SeekBar改变事件，使用setZoom()方法设置相机的焦距，从而实现焦距调节功能。在CamerActivity的onCreate()方法中添加如下代码：

```
mSeekBar = (SeekBar) findViewById(R.id.seekBar);   //初始化seekBar
//seekBar改变监听
mSeekBar.setOnSeekBarChangeListener(new SeekBar.OnSeekBarChangeListener() {
    /**
    * 停止拖动时触发操作
    * @param seekBar
    * 触发操作的seekBar控件对象
    */
    @Override
    public void onStopTrackingTouch(SeekBar seekBar) {
        // TODO Auto-generated method stub
        parameters.setZoom(value);                    //设置放大倍数
        mCamera.setParameters(parameters);            //设置参数
        mCamera.startPreview();                       //开启相机预览
    }
    /**
    * 开始拖动时触发方法
    *
    * @param seekBar
    * 触发操作的seekBar控件对象
    */
    @Override
    public void onStartTrackingTouch(SeekBar seekBar) {
        //TODO Auto-generated method stub
    }
```

```
        /**
        * 改变中触发
        *
        * @param seekBar
        * 触发操作的seekBar控件对象
        * @param progress
        * 当前进入值
        * @param fromUser
        * 是否为用户自己触发
        *
        */
        public void onProgressChanged(SeekBar seekBar, int progress,
boolean fromUser) {
            // TODO Auto-generated method stub
            value = progress + 50;                    // 放大倍数
        }
    });
```

步骤4: 实现主页面向放大镜界面的跳转。

1. 放大镜界面，返回按钮的单击事件

```
/**
* 返回功能
*/
public void onBack(View v) {
    CamerActivity.this.finish();                  // 结束当前页面
}
```

2. 主页面向放大镜界面的跳转

在yi.example.com文件夹下的MainActivity类中，在菜单按钮事件中删除Toast事件（见图3-5-1），然后将进入放大镜界面的代码添加到菜单按钮事件中，添加以下代码：

```
Intent intent = new Intent(MainActivity.this, CamerActivity.class);
startActivity(intent);
```

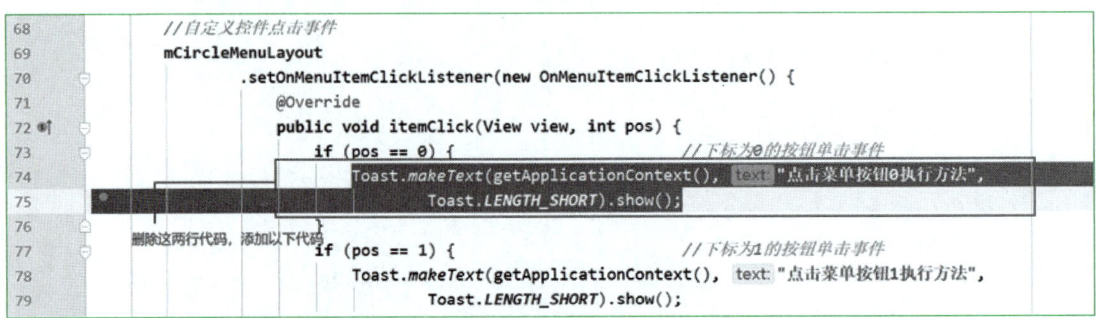

图 3-5-1　放大镜界面的代码添加位置

任务考评

【放大镜功能】考评记录

姓名		完成日期	
序号	考核内容	标准分	评分
1	放大镜界面搭建	20	
2	SurfaceView控件的使用	30	
3	开启系统相机	20	
4	seekBar实现放大倍数设置	20	
5	界面间切换	10	
总评分		100	

任务心得：

任务 6 工具尺功能

任务描述

情境描述	公司刮起了健身风，员工首先得有个好身体，领导也很支持。可是由于工作性质，大家上班时几乎都是坐着，时间久了大部分人员都有“游泳圈”了。于是，每天休息时谈论的最多的话题就是体重。这天，小李和小张在比试健身效果，大家提议测试一周的腰围，以此为依据看谁的健身效果更好。杨姐作为裁判，可是需要精确记录两人每天的腰围数据，这下犯愁了，没有测量工具。小张说，不用发愁，我们开始实现工具尺功能，这样就可以用手机来测量了
任务分解	分析上面的工作情境，将任务分解如下： 1．搭建工具尺界面布局。 2．自定义工具尺控件。 3．编写工具尺界面类。 4．主界面切换工具尺界面

任务准备	android.graphics 框架将绘制分为两个方面：需要绘制什么，由 Canvas 处理；如何绘制，由 Paint 处理。例如，Canvas 提供绘制线条的方法，Paint 则提供定义线条颜色的方法。Canvas 具有绘制矩形的方法，Paint 则定义是在矩形中填充颜色还是留空。简而言之，Canvas 定义可以在屏幕上绘制的形状，Paint 则定义绘制的每个形状的颜色、样式和字体等。
	1．创建绘制对象
	因此，在绘制任何内容之前，用户需要创建一个或多个Paint对象。以下代码定义了几个Paint对象。
	`textPaint = new Paint(Paint.ANTI_ALIAS_FLAG);`
	`textPaint.setColor(textColor);`
	`if (textHeight == 0) {`
	`    textHeight = textPaint.getTextSize();`
	`} else {`
	`    textPaint.setTextSize(textHeight);`
	`}`
	`piePaint = new Paint(Paint.ANTI_ALIAS_FLAG);`
	`piePaint.setStyle(Paint.Style.FILL);`
	`piePaint.setTextSize(textHeight);`
	`shadowPaint = new Paint(0);`
	`shadowPaint.setColor(0xff101010);`
	`shadowPaint.setMaskFilter(new BlurMaskFilter(8,`
	`BlurMaskFilter.Blur.NORMAL));`

任务准备

2. 绘制方法

Canvas类中有很多绘制对象的方法。例如，使用 drawText()绘制文本，通过调用 setTypeface()指定字体，通过调用 setColor()指定文本颜色。使用 drawRect()、drawOval()和 drawArc()绘制基元形状，通过调用setStyle()更改形状的填充和/或轮廓。使用 Path 类绘制更复杂的形状，通过将线条和曲线添加到 Path 对象以定义形状，然后使用 drawPath()绘制形状。与基元形状一样，路径可以只描绘轮廓或只进行填充，也可以两者兼具，具体取决于 setStyle()。通过创建 LinearGradient 对象定义渐变填充。调用 setShader() 可在填充的形状上使用 LinearGradient。使用 drawBitmap() 绘制位图。例如，以下代码绘制了 PieChart。它组合使用了文本、线条和形状。

```
protected void onDraw(Canvas canvas) {
        super.onDraw(canvas);
        // 绘制阴影
        canvas.drawOval(
                shadowBounds,
                shadowPaint
        );
        // 绘制标签文本
        canvas.drawText(data.get(currentItem).mLabel, textX,
textY, textPaint);
        //绘制饼图
        for (int i = 0; i < data.size(); ++i) {
            Item it = data.get(i);
            piePaint.setShader(it.shader);
            canvas.drawArc(bounds,
                360 - it.endAngle,
                it.endAngle - it.startAngle,
                true, piePaint);
        }
        //绘制指针
        canvas.drawLine(textX, pointerY, pointerX, pointerY, textPaint);
        canvas.drawCircle(pointerX, pointerY, pointerSize, mTextPaint);
    }
```

3. 需求分析

经过分析，完成任务需要做以下工作：

（1）学习自定义View类编写。

（2）学习如何使用Paint类、Canvas类绘制图形。

（3）学习监听手指触摸事件

任务目标

知识目标	1. 掌握工具尺功能逻辑的设计。 2. 掌握Paint类、Canvas类的使用。 3. 掌握自定义View编写
技能目标	1. 能够使用Paint类、Canvas类绘制需要的图形。 2. 能够编写自定义控件
素养目标	耐心与严谨：规范编写代码，养成添加注释习惯，勤思考，多动手，独立解决问题，遇到困难能够迎难而上

任务实现

步骤1： 搭建工具尺界面布局。

右击“java/yi.example.toolbox”目录，新建New-Activity-EmptyActivity，在弹出的对话框中输入RuleActivity，在java/yi.example.toolbox包下生成RuleActivity类，在res/layout目录下创建activity_rule.xml布局文件，并在清单文件中对该Activity进行了注册。下面编写activity_rule.xml布局文件，在其中添加如下代码：

```
<?xml version="1.0" encoding="utf-8"?>
<!-- 布局控件相对布局 -->
<!--layout_width 布局宽 \layout_height 布局高 \match_parent 布局占满全部容器 -->
<!--id 为控件赋予名称，方便代码中调用 -->
<!--background 设置背景图片——@drawable/bg，图片位置：drawable 文件夹下名称为
bg 的图片 -->
<RelativeLayout xmlns:android="http://schemas.android.com/apk/res/android"
    android:layout_width="match_parent"
    android:layout_height="match_parent"
    android:id="@+id/main_layout"
    android:background="@drawable/bg"
    >
</RelativeLayout>
```

视频

实现工具尺功能

步骤2： 自定义工具尺控件。

工具尺功能主要由RulerView类实现，然后在界面上展示。右击yi.example.toolbox.view目录，在此包中新建RulerView类，并继承自View类。

1. 定义类成员、初始化

```
public class RulerView extends View {
    private float xcm;                                  // 厘米
    private float xmm;                                  // 毫米
    private float ruler_length;                         // 尺子宽度
```

```
    private float ruler_width;                              // 尺子高度
    private PointF mid_point = new PointF(0, 0);  // 尺子中点坐标
    private float angle_rotate = 90;                        // 旋转角度
    private PointF touchPoint = new PointF(0, 0); // 手指在屏幕坐标
    private float wdth;                                     // 屏幕宽
    public RulerView(Context context, DisplayMetrics dm) {
        super(context);
        find_pixal(dm);                                     // 设置 xcm 大小
        ruler_length = 50 * xcm;                            // 设置一开始为 6 厘米的尺子
        ruler_width = 2 * xcm;                              // 尺子宽度
        wdth = dm.widthPixels;
        mid_point.set(dm.widthPixels, (float) (ruler_length * 0.5));
                                                            // 尺子中点坐标点
    }
    /**
     * 获取 xcm，以及 xmm 在屏幕上的大小
     */
    protected void find_pixal(DisplayMetrics dm) {
        xcm = (float) (dm.xdpi / 2.54);                     //  单位都是 pixal
        xmm = xcm / 10;
    }
}
```

2. 绘制辅助红线

在RulerView类中添加成员方法：

```
protected void drawVerticalLine(Canvas canvas) {  // 绘制辅助红线
    Paint mPaint = new Paint();
    mPaint.setColor(Color.RED);                          // 红色画笔
    mPaint.setStyle(Style.STROKE);                       // 画笔样式
    mPaint.setStrokeWidth(2);                            // 画笔宽度
    canvas.drawLine(0, touchPoint.y, wdth, touchPoint.y, mPaint);
                                      // 绘制辅助线，参数是直线的起点和终点的 XY 轴坐标
}
```

3. 绘制工具尺

重写RulerView类的onDraw()方法。

```
protected void onDraw(Canvas canvas) {
    // TODO Auto-generated method stub
    super.onDraw(canvas);
    Paint paint = new Paint();                           // 画笔
    paint.setColor(Color.WHITE);                         // 画笔颜色
    paint.setStyle(Style.STROKE);                        // 画笔样式
```

```
        paint.setStrokeWidth(2);                             // 画笔宽度
        paint.setTextSize(30);                               // 画笔文字大小
        canvas.save();                                       // 保存信息
        // 以尺子中心坐标为中心，顺时针旋转 90°
        canvas.rotate(angle_rotate, mid_point.x, mid_point.y);// 确定尺子中心
        // 绘制矩形
        canvas.drawRect(mid_point.x - ruler_length / 2, mid_point.y,
mid_point.x + ruler_length / 2, mid_point.y + ruler_width, paint);
        // 画线以及文字，绘制厘米、毫米刻度
        for (int i = 0; i < ruler_length / xmm; i++) {
            float Left = mid_point.x - ruler_length / 2;
            if (i % 10 == 0 && i != 0) {
                canvas.drawLine(Left + i * xmm, mid_point.y, Left + i * xmm,
mid_point.y + 50, paint);                                    // 绘制尺子长线
                canvas.drawText(Integer.toString(i / 10), Left + i * xmm,
mid_point.y + 55, paint);                                    // 绘制尺子可读值
            } else if (i == 0) {
                canvas.drawLine(Left + i * xmm, mid_point.y, Left + i * xmm,
mid_point.y + 50, paint);                                    // 绘制尺子 0 位置的线
                canvas.drawText(Integer.toString(i / 5) + "cm", Left + i * xmm,
mid_point.y + 55, paint);                                    // 绘制尺子 0 刻度的数字
            } else {
            canvas.drawLine(Left + i * xmm, mid_point.y, Left + i * xmm,
mid_point.y + 30, paint);                                    // 绘制尺子短线
          }
        }
        canvas.restore();                                    // 取出画布状态
        drawVerticalLine(canvas);                            // 绘制辅助红线
    }
```

4. 触摸控制改变辅助线位置

重写onTouchEvent()方法。

```
    public boolean onTouchEvent(MotionEvent event) {// 触摸控制改变辅助线位置
        switch (event.getAction() & MotionEvent.ACTION_MASK) {
        // 手指按下
        case MotionEvent.ACTION_DOWN:
            touchPoint.set(event.getX(), event.getY()); // 设置手指按下坐标
            invalidate();                                 // 重新绘制
            break;
        // 手指移动
        case MotionEvent.ACTION_MOVE:
            touchPoint.set(event.getX(), event.getY()); // 设置手指移动坐标
```

```
            invalidate();                                       // 重新绘制
            break;
        // 手指抬起
        case MotionEvent.ACTION_UP:
            touchPoint.set(event.getX(), event.getY());  // 设置手指抬起坐标
            invalidate();                                       // 重新绘制
            break;
        }
        return true;
    }
```

知识链接

onTouchEvent(MotionEvent event)方法响应了触摸屏幕发生的事件，包括按下、抬起、移动等，都可以被监听到。可以实现一定的拖动、绘图功能。通过event能获得到这些动作和当前X，Y坐标等。

步骤3： 编写工具尺界面类。

RuleActivity类引用自定义控件类RulerView显示工具尺。

```
    public class RuleActivity extends Activity {
        private DisplayMetrics dm;
        @Override
        protected void onCreate(Bundle savedInstanceState) {
            super.onCreate(savedInstanceState);
            getWindow().setFlags(WindowManager.LayoutParams.FLAG_KEEP_
SCREEN_ ON,WindowManager.LayoutParams.FLAG_KEEP_SCREEN_ON);  // 保持屏幕不变黑
            setContentView(R.layout.activity_rule);
            // 获取屏幕信息
            dm = new DisplayMetrics();
            getWindowManager().getDefaultDisplay().getMetrics(dm);
            // 获取布局
            RelativeLayout relativeLayout = (RelativeLayout)findViewById(R.
id.main_layout);
            // 初始化尺子
            RulerView rulerView1 = new RulerView(this, dm);
            // 相对布局中添加尺子布局
            relativeLayout.addView(rulerView1);
        }
    }
```

知识链接

手机的分辨率信息是手机的一项重要信息，Android提供android.util包下的DisplayMetrics 类提供了关于显示的通用信息，如显示大小、分辨率和字体。类的使用如下：

```
// 获取 DisplayMetrics 成员，初始化对象：
DisplayMetrics metrics =newDisplayMetrics();
getWindowManager().getDefaultDisplay().getMetrics(metrics);
// 将当前窗口的一些信息放在 metrics 对象中，以像素为单位，“像素”指的是“绝对像素”而非“相对像素”。通过 DisplayMetrics 的 toString() 方法可以获取到 DisplayMetrics 的大部分 fields 信息
```

部分成员的含义：

```
public float xdpi              //X 方向上每英寸显示屏物理像素
public float ydpi              //Y 方向上每英寸显示屏物理像素
public float density           // 显示屏的逻辑密度
public int densityDpi          // 用 DPI（每英寸点数）表示显示屏密度
public int heightPixels        // 绝对像素高度
public float scaledDensity     // 显示字体的缩放因子
public int widthPixels         // 绝对像素宽度
```

步骤4： 主界面切换工具尺界面。

在MainActivity类中，在菜单按钮事件中删除“pos == 1”的Toast显示，然后将切换工具尺界面代码添加到菜单按钮事件中，添加以下代码：

```
/**
* 进入工具尺界面
*/
Intent intent = new Intent(MainActivity.
this,RuleActivity.class);
startActivity(intent);
```

运行项目到手机后，单击工具尺图标进入工具尺功能页面，运行效果如图3-6-1所示。

图 3-6-1　工具尺界面

【工具尺功能】考评记录

姓名		完成日期	
序号	考核内容	标准分	评分
1	Canvas类绘图	20	
2	工具尺绘制角度与位置的确定	20	
3	绘制工具尺	20	
4	给定辅助红线	20	
5	触摸控制改变辅助线位置	20	
总评分		100	

任务心得：

任务 7 分贝测试仪功能

任务描述

<table>
<tr><td>情境描述</td><td>项目组小李终于与楼上住户进行沟通，楼上住户也意识到自己的行为不合适。经过这件事，小李觉得手机上带个测试声音的功能还是有必要的。不过，一般人对分贝值的概念没有太多认识，所以在实现功能时，最好给出一些各级别的分贝值与日常生活场景的关系参考，这样实用价值就提升了</td></tr>
<tr><td>任务分解</td><td>分析上面的工作情境，将任务分解如下：
1．搭建分贝测试界面。
2．分贝测试界面类初始化。
3．录制麦克风声音并存储。
4．声音转为分贝值并发送UI线程处理。
5．主页面向分贝测试仪界面的跳转</td></tr>
<tr><td>任务准备</td><td>

1．帧动画

即在XML中定义的按顺序显示一系列图片的动画（如电影）。
文件保存位置：

<pre>res/drawable/filename.xml</pre>

资源引用：
在 Java 中：

<pre>R.drawable.filename</pre>

在 XML 中：

<pre>@[package:]drawable.filename</pre>

语法格式：

<pre>
<?xml version="1.0" encoding="utf-8"?>
<animation-list xmlns:android="http://schemas.android.com/apk/res/android"
      android:oneshot=["true" | "false"] >
      <item android:drawable="@[package:]drawable/drawable_resource_name" android:duration="integer" />
</animation-list>
</pre>

元素及属性：
<animation-list>元素：根元素。包含一个或多个<item>元素。
android:oneshot属性：布尔值。如果想要执行一次动画，则为true；如果要循环播放动画，则为false。
<item>元素：单帧动画。必须是 <animation-list> 元素的子元素。
android:drawable属性：可绘制资源。要用于此帧的可绘制对象。
android:duration属性：整数。显示此帧的持续时间，以毫秒为单位。
示例：
在res/drawable/rocket.xml文件中创建以下内容：</td></tr>
</table>

```
<?xml version="1.0" encoding="utf-8"?>
<animation-list
    xmlns:android="http://schemas.android.com/apk/res/
android"
    android:oneshot="false">
    <item    android:drawable="@drawable/rocket_thrust1"
android: duration="200" />
    <item    android:drawable="@drawable/rocket_thrust2"
android:duration="200" />
    <item    android:drawable="@drawable/rocket_thrust3"
android: duration="200" />
</animation-list>
```

以下应用代码会将该动画设置为View的背景，然后播放动画：

```
ImageView rocketImage = (ImageView) findViewById(R.id.rocket _image);
rocketImage.setBackgroundResource(R.drawable.rocket_thrust);
rocketAnimation = rocketImage.getBackground();
if (rocketAnimation instanceof Animatable) {
    ((Animatable)rocketAnimation).start();
}
```

任务准备

2. MediaRecorder

使用MediaRecorder编写能够从设备麦克风捕获音频、保存音频并使用MediaPlayer进行播放。

为了能够录制音频，应用必须告知用户它将访问设备的音频输入。用户必须在应用的清单文件中添加以下权限标记：

```
<uses-permission android:name="android.permission.RECORD_AUDIO"/>
```

MediaRecorder常见方法如下：

使用 setAudioSource()设置音频源。

使用 setOutputFormat()设置输出文件格式。

使用 setOutputFile()设置输出文件名。用户必须指定代表实际文件的文件描述符。

使用 setAudioEncoder()设置音频编码器。

通过调用 prepare()完成初始化。

调用 start()和 stop()启动和停止录音功能。

使用完 MediaRecorder 实例后，调用 release()释放其资源。

3. 需求分析

经过分析，完成任务需要做以下工作：

（1）学习Android动画编程。

（2）学习使用MediaRecorder类录制音频文件。

（3）学习文件写入手机外部存储。

（4）学习Handler消息处理机制

任务目标

知识目标	1. 掌握Android中动画的实现。 2. 掌握MediaRecorder类录制音频。 3. 掌握外部存储文件的读写操作。 4. 掌握多线程编程，开启子线程。 5. 掌握Handle消息处理机制原理
技能目标	1. 能够实现Android中动画效果。 2. 能够使用MediaRecorder类进行音视频的录制。 3. 能够开启线程，通过Handler消息处理机制实现线程间通信
素养目标	严谨与实践：规范编写代码，勤思考，多动手，独立解决问题。通过多技术点联合应用，提升综合实践能力

任务实现

视　频

分贝测试仪布局

步骤1： 搭建分贝测试界面。

1. 动画文件

界面中分贝值左右两边的图片有一个固定动画效果，这是用帧动画实现的。需要在res/drawable目录下新建两个实现动画效果的xmL文件。

record_wave_left.xml：

```
<?xml version="1.0" encoding="utf-8"?>
<animation-list xmlns:android="http://schemas.android.com/apk/res/android">
    <item
        android:drawable="@drawable/record_wave_left_01"
        android:duration="500"/>
    <item
        android:drawable="@drawable/record_wave_left_02"
        android:duration="500"/>
    <item
        android:drawable="@drawable/record_wave_left_03"
        android:duration="500"/>
    <item
        android:drawable="@drawable/record_wave_left_04"
        android:duration="500"/>
</animation-list>
```

record_wave_right.xml

```
<?xml version="1.0" encoding="utf-8"?>
<animation-list xmlns:android="http://schemas.android.com/apk/res/android" >
    <item
        android:drawable="@drawable/record_wave_right_01"
```

```
        android:duration="500"/>
    <item
        android:drawable="@drawable/record_wave_right_02"
        android:duration="500"/>
    <item
        android:drawable="@drawable/record_wave_right_03"
        android:duration="500"/>
    <item
        android:drawable="@drawable/record_wave_right_04"
        android:duration="500"/>
</animation-list>
```

2. 分贝测试界面搭建

右击java/yi.example.toolbox目录，新建New-Activity-EmptyActivity，在弹出的对话框中输入类名MicDemoActivity，在java/yi.example.toolbox包下生成MicDemoActivity类，在res/layout目录下创建activity_rule.xml布局文件，并在清单文件中对该Activity进行了注册。接下来编写activity_mic.xml布局文件，在其中添加如下代码：

```
<?xml version="1.0" encoding="utf-8"?>
<LinearLayout xmlns:android="http://schemas.android.com/apk/res/android"
    android:layout_width="fill_parent"
    android:layout_height="fill_parent"
    android:background="@drawable/bg"
    android:orientation="vertical" >
    <RelativeLayout
        android:id="@+id/rl"
        android:layout_width="match_parent"
        android:layout_height="45dp"
        android:background="#0000" >
        <!-- 返回按钮 -->
        <Button
            android:id="@+id/bt_back"
            android:layout_width="35dp"
            android:layout_height="35dp"
            android:layout_alignParentLeft="true"
            android:layout_margin="5dp"
            android:background="@drawable/back_bg"
            android:onClick="onBack" />
        <!-- 标题文字 -->
        <TextView
            android:id="@+id/tv_title"
            android:layout_width="wrap_content"
            android:layout_height="35dp"
            android:layout_centerHorizontal="true"
```

```
            android:layout_margin="5dp"
            android:gravity="center_vertical"
            android:text=" 分贝测试 "
            android:textColor="@android:color/white"
            android:textSize="20dp" />
    </RelativeLayout>
    <LinearLayout
        android:id="@+id/linearLayout1"
        android:layout_width="match_parent"
        android:layout_height="200dp"
        android:gravity="center"
        android:orientation="horizontal" >
        <!-- 左侧图片动画 -->
        <ImageView
            android:id="@+id/iv_record_wave_left"
            android:layout_width="wrap_content"
            android:layout_height="wrap_content"
            android:layout_gravity="center"
            android:layout_margin="5dp"
            android:background="@drawable/record_wave_left" />
        <!-- 分贝值显示控件 -->
        <TextView
            android:id="@+id/textView1"
            android:layout_width="wrap_content"
            android:layout_height="wrap_content"
            android:textColor="@android:color/holo_red_light"
            android:textSize="40sp"
            android:text="0.00"
            android:textStyle="bold" />
        <!-- 分贝值单位 -->
        <TextView
            android:id="@+id/textView2"
            android:layout_width="wrap_content"
            android:layout_height="wrap_content"
            android:text="dB"
            android:textColor="@android:color/holo_red_light"
            android:textSize="40sp"
            android:textStyle="bold" />
        <!-- 右侧图片动画 -->
        <ImageView
            android:id="@+id/iv_record_wave_right"
            android:layout_width="wrap_content"
            android:layout_height="wrap_content"
            android:layout_gravity="center"
```

```
            android:layout_margin="5dp"
            android:background="@drawable/record_wave_right" />
    </LinearLayout>
    <!-- 滑动控件 -->
    <ScrollView
        android:id="@+id/absclv"
        android:layout_width="match_parent"
        android:layout_height="match_parent"
        android:layout_below="@+id/rl_title"
        android:background="@android:color/white"
        android:focusable="false"
        android:focusableInTouchMode="true" >
        <LinearLayout
            android:layout_width="match_parent"
            android:layout_height="match_parent"
            android:orientation="vertical" >
            <LinearLayout
                android:layout_width="match_parent"
                android:layout_height="wrap_content"
                android:orientation="horizontal"
                android:padding="10dp" >
                <TextView
                    android:layout_width="wrap_content"
                    android:layout_height="wrap_content"
                    android:text="10dB"
                    android:textColor="@android:color/holo_green_light"
                    android:textSize="20dp"
                    android:textStyle="bold" />
                <TextView
                    android:layout_width="wrap_content"
                    android:layout_height="wrap_content"
                    android:layout_marginLeft="10dp"
                    android:text=" 呼吸声 "
                    android:textColor="@android:color/darker_gray"
                    android:textSize="20sp" />
            </LinearLayout>
            <View
                android:layout_width="match_parent"
                android:layout_height="1dp"
                android:background="@android:color/darker_gray" />
            <LinearLayout
                android:layout_width="match_parent"
                android:layout_height="wrap_content"
                android:orientation="horizontal"
```

```
        android:padding="10dp" >
        <TextView
            android:layout_width="wrap_content"
            android:layout_height="wrap_content"
            android:text="20dB"
            android:textColor="@android:color/holo_green_light"
            android:textSize="20dp"
            android:textStyle="bold" />
        <TextView
            android:layout_width="wrap_content"
            android:layout_height="wrap_content"
            android:layout_marginLeft="10dp"
            android:text=" 树上叶子碰撞声 "
            android:textColor="@android:color/darker_gray"
            android:textSize="20sp" />
    </LinearLayout>
    <View
        android:layout_width="match_parent"
        android:layout_height="1dp"
        android:background="@android:color/darker_gray" />
    <LinearLayout
        android:layout_width="match_parent"
        android:layout_height="wrap_content"
        android:orientation="horizontal"
        android:padding="10dp" >
        <TextView
            android:layout_width="wrap_content"
            android:layout_height="wrap_content"
            android:text="30dB"
            android:textColor="@android:color/holo_green_light"
            android:textSize="20dp"
            android:textStyle="bold" />
        <TextView
            android:layout_width="wrap_content"
            android:layout_height="wrap_content"
            android:layout_marginLeft="10dp"
            android:text=" 亲密的窃窃私语 "
            android:textColor="@android:color/darker_gray"
            android:textSize="20sp" />
    </LinearLayout>
    <View
        android:layout_width="match_parent"
        android:layout_height="1dp"
        android:background="@android:color/darker_gray" />
```

```
<LinearLayout
    android:layout_width="match_parent"
    android:layout_height="wrap_content"
    android:orientation="horizontal"
    android:padding="10dp" >
    <TextView
        android:layout_width="wrap_content"
        android:layout_height="wrap_content"
        android:text="40dB"
        android:textColor="@android:color/holo_green_light"
        android:textSize="20dp"
        android:textStyle="bold" />
    <TextView
        android:layout_width="wrap_content"
        android:layout_height="wrap_content"
        android:layout_marginLeft="10dp"
        android:text="安静的图书馆．低声细语"
        android:textColor="@android:color/darker_gray"
        android:textSize="20sp" />
</LinearLayout>
<View
    android:layout_width="match_parent"
    android:layout_height="1dp"
    android:background="@android:color/darker_gray" />
<LinearLayout
    android:layout_width="match_parent"
    android:layout_height="wrap_content"
    android:orientation="horizontal"
    android:padding="10dp" >
    <TextView
        android:layout_width="wrap_content"
        android:layout_height="wrap_content"
        android:text="50dB"
        android:textColor="@android:color/holo_green_light"
        android:textSize="20dp"
        android:textStyle="bold" />
    <TextView
        android:layout_width="wrap_content"
        android:layout_height="wrap_content"
        android:layout_marginLeft="10dp"
        android:text="安静的办公室．空调外机工作声"
        android:textColor="@android:color/darker_gray"
        android:textSize="20sp" />
</LinearLayout>
```

```
    <View
        android:layout_width="match_parent"
        android:layout_height="1dp"
        android:background="@android:color/darker_gray" />
    <LinearLayout
        android:layout_width="match_parent"
        android:layout_height="wrap_content"
        android:orientation="horizontal"
        android:padding="10dp" >
        <TextView
            android:layout_width="wrap_content"
            android:layout_height="wrap_content"
            android:text="60dB"
            android:textColor="@android:color/holo_green_light"
            android:textSize="20dp"
            android:textStyle="bold" />
        <TextView
            android:layout_width="wrap_content"
            android:layout_height="wrap_content"
            android:layout_marginLeft="10dp"
            android:text=" 两人正常谈话声 "
            android:textColor="@android:color/darker_gray"
            android:textSize="20sp" />
    </LinearLayout>
    <View
        android:layout_width="match_parent"
        android:layout_height="1dp"
        android:background="@android:color/darker_gray" />
    <LinearLayout
        android:layout_width="match_parent"
        android:layout_height="wrap_content"
        android:orientation="horizontal"
        android:padding="10dp" >
        <TextView
            android:layout_width="wrap_content"
            android:layout_height="wrap_content"
            android:text="70dB"
            android:textColor="@android:color/holo_green_light"
            android:textSize="20dp"
            android:textStyle="bold" />
        <TextView
            android:layout_width="wrap_content"
            android:layout_height="wrap_content"
            android:layout_marginLeft="10dp"
```

```
            android:text=" 繁忙的交通 . 吸尘器工作声 "
            android:textColor="@android:color/darker_gray"
            android:textSize="20sp" />
    </LinearLayout>
    <View
        android:layout_width="match_parent"
        android:layout_height="1dp"
        android:background="@android:color/darker_gray" />
    <LinearLayout
        android:layout_width="match_parent"
        android:layout_height="wrap_content"
        android:orientation="horizontal"
        android:padding="10dp" >
        <TextView
            android:layout_width="wrap_content"
            android:layout_height="wrap_content"
            android:text="80dB"
            android:textColor="@android:color/holo_green_light"
            android:textSize="20dp"
            android:textStyle="bold" />
        <TextView
            android:layout_width="wrap_content"
            android:layout_height="wrap_content"
            android:layout_marginLeft="10dp"
            android:text=" 地铁里 . 钢琴演奏声 "
            android:textColor="@android:color/darker_gray"
            android:textSize="20sp" />
    </LinearLayout>
    <View
        android:layout_width="match_parent"
        android:layout_height="1dp"
        android:background="@android:color/darker_gray" />
    <LinearLayout
        android:layout_width="match_parent"
        android:layout_height="wrap_content"
        android:orientation="horizontal"
        android:padding="10dp" >
        <TextView
            android:layout_width="wrap_content"
            android:layout_height="wrap_content"
            android:text="90dB"
            android:textColor="@android:color/holo_green_light"
            android:textSize="20dp"
            android:textStyle="bold" />
```

```
                    <TextView
                        android:layout_width="wrap_content"
                        android:layout_height="wrap_content"
                        android:layout_marginLeft="10dp"
                        android:text="KTV 内 . 工作内部 "
                        android:textColor="@android:color/darker_gray"
                        android:textSize="20sp" />
                </LinearLayout>
                <View
                    android:layout_width="match_parent"
                    android:layout_height="1dp"
                    android:background="@android:color/darker_gray" />
            </LinearLayout>
        </ScrollView>
    </LinearLayout>
```

视 频

开启麦克风将声音转换成分贝值

步骤2: 分贝测试界面类初始化。

本界面主要实现功能是通过对周围的声音进行录制，然后将录制的声音转换成分贝值并显示出来。打开MicDemoActivity.java文件，添加如下初始化代码：

```
    public class MicDemoActivity extends Activity {
        private MediaRecorder mARecorder;                           // 麦克风控制
        private File mAudiofile, mSampleDir;                        // 录音文件保存
        private boolean istrue = true;                              // 用于 run() 判断
        private ImageView iv_record_wave_left, iv_record_wave_right;
                                                                    // 声音动画图片
        private AnimationDrawable ad_left, ad_right;                // 左右动画属性
        private TextView tView1;
        @Override
        protected void onCreate(Bundle savedInstanceState) {
            //TODO Auto-generated method stub
            super.onCreate(savedInstanceState);
            getWindow().setFlags(WindowManager.LayoutParams.FLAG_KEEP_
SCREEN_ON,WindowManager.LayoutParams.FLAG_KEEP_SCREEN_ON);
                                                                    // 保持屏幕不变黑
            setContentView(R.layout.activity_mic);
            init();                                                 // 初始化控件
        }
        private void init() {
            // 初始化显示分贝值的控件
            tView1 = (TextView) findViewById(R.id.textView1);
            // 初始化左侧动态动画控件
            iv_record_wave_left = (ImageView) findViewById(R.id.iv_record_
wave_left);
```

```
        //初始化右侧动态动画控件
        iv_record_wave_right = (ImageView) findViewById(R.id.iv_record_
wave_right);
        ad_left = (AnimationDrawable) iv_record_wave_left.getBackground();
                                       //动画效果
        d_right = (AnimationDrawable) iv_record_wave_right.getBackground();
                                       //动画效果
        ad_left.start();               //开启左侧动画，左右两边是固定的动画显示
        ad_right.start();              //开启右侧动画
    }
}
```

知识链接

Android的View动画分为两种：补间动画和逐帧动画。补间动画，通过对View中内容进行一系列的图形变换实现动画效果，其中图形变化包括平移、缩放、旋转、改变透明度等。逐帧动画，按照事先准备好的静态图像顺序播放，利用人眼的“视觉暂留”原理，给用户造成动画的错觉。本项目中使用逐帧动画实现ImageView动画效果。

从Android 3.0版本开始，为用户提供了一种全新的动画模式——属性动画（property animation），它的功能非常强大，弥补了补间动画的一些缺陷，几乎可以完全替代补间动画。有兴趣的同学可以自行学习。

步骤3： 录制麦克风声音并存储。

使用MediaRecorder(视频/音频/录制类)开启麦克风录制音频，并使用File创建文件将音频保存到手机。

```
@Override
protected void onStart() {
    //录音获取麦克风声音
    super.onStart();
    mARecorder = new MediaRecorder();              //声音录制
    mARecorder.setAudioSource(MediaRecorder.AudioSource.MIC);
    //录制的音源为麦克风
    mARecorder.setOutputFormat(MediaRecorder.OutputFormat.RAW_AMR);
    //设置音频文件的编码
    mARecorder.setAudioEncoder(MediaRecorder.AudioEncoder.AMR_NB);
    //设置 audio 的格式
    try {
        mSampleDir = Environment.getExternalStorageDirectory(); //获取手
机外部存储路径。用 IM+ 系统当前时间为文件名建立 .amr 的文件，文件路径为 mSampleDir
        mAudiofile = File.createTempFile("IM" + System.currentTimeMillis(),
".amr", mSampleDir);
```

```
        } catch (IOException e) {
            Log.e("IMMESSAGE", "sdcard access error");
        }
        System.out.println("******"+mARecorder);
        mARecorder.setOutputFile(mAudiofile.getAbsolutePath());
        //设置声音输出文件的路径
        try {
            mARecorder.prepare();                       //准备录制
        } catch (Exception e) {
            e.printStackTrace();
        }
        mARecorder.start();                             //开启麦克风声音录制
    }
```

视频

发送消息更新页面

步骤4： 将声音转换成分贝值并发送给UI线程处理。

1. 接收分贝值并显示到控件

```
private MHandler mHandler = new MHandler();//接收消息，修改分贝值
class MHandler extends Handler{                      //接收消息，修改布局
    @Override
    public void handleMessage(@NonNull Message msg) {
        super.handleMessage(msg);
        switch (msg.what){
            case 1:                                  //返回消息为1
                tView1.setText(msg.obj.toString()); //修改分贝值
                break;
        }
    }
}
```

2. 将声音转换成分贝值

首先自定义Thread线程MicrophoneThread，然后使用该线程将麦克风录制的声音转换成分贝值并发送给UI线程显示。

```
class MicrophoneThread extends Thread {     //测量当前分贝值，通知UI修改
    final float minAngle = (float) Math.PI * 4 / 11;
    float angle;                                //分贝值
    @Override
    public void run() {
        while (istrue) {
            angle = 100 * minAngle * mARecorder.getMaxAmplitude() / 32768;
                             //获取在前一次调用此方法之后录音中出现的最大振幅
            if (angle > 100) {
                angle = 100;
```

```
            }
            // 构造方法的字符格式，这里如果小数不足 2 位，会以 0 补足
            DecimalFormat decimalFormat = new DecimalFormat("0.00");
            String p = decimalFormat.format(angle);
                                        //format 返回的是字符串分贝值
            mHandler.sendMessage(mHandler.obtainMessage(1,p));
            try {
                Thread.sleep(1000);
            } catch (InterruptedException e) {
                // TODO Auto-generated catch block
                e.printStackTrace();
            }
        }
    }
}
```

定义MicDemoActivity 类的成员变量：

```
private MicrophoneThread microphone = new MicrophoneThread();
                                        // 线程用于实时录制周围的声音
```

最后，使用start()方法开启线程：

```
microphone.start();
```

知识链接

Handler消息处理机制

在 Android 开发中，为了使UI操作是线程安全的，规定只许主线程即UI线程可以更新UI组件。但实际开发中，常常会遇到多个线程并发操作UI组件的需求，于是 Android 提供了一套消息传递与处理机制来解决该问题。也就是在非主线程需要更新UI时，通过向主线程发送消息通知，让主线程更新UI。

Handler 在工作线程通过sendMessage()向 MessageQueue 中推送 Message，而主线程Looper循环得到 Message 后，即可得到发出该 Message 的 Handler 对象（Handler 发送消息时将自身引用赋值给 message.target），再通过 Handler 对象的 dispatchMessage()和 handleMessage()方法处理相应的任务。这样就可以通过Handler同时完成异步线程的消息发送与消息处理两个功能。

步骤5： 主页面向分贝测试仪界面的跳转。

1. 返回按钮

```
public void onBack(View v) {
    MicDemoActivity.this.finish();                          // 关闭当前页面
}
```

2. 实现界面跳转

在yi.example.com文件夹下的MainActivity类中，在菜单按钮事件中删除“pos == 2”的Toast事件，然后将进入分贝测试界面的代码添加到菜单按钮事件中，添加以下代码：

```
/**
* 进入分贝测试界面
*/
Intent intent = new Intent(MainActivity.this,MicDemoActivity.class);
startActivity(intent);
```

运行程序后，单击“分贝测试仪”图标进入分贝测试界面，运行效果如图3-7-1所示。

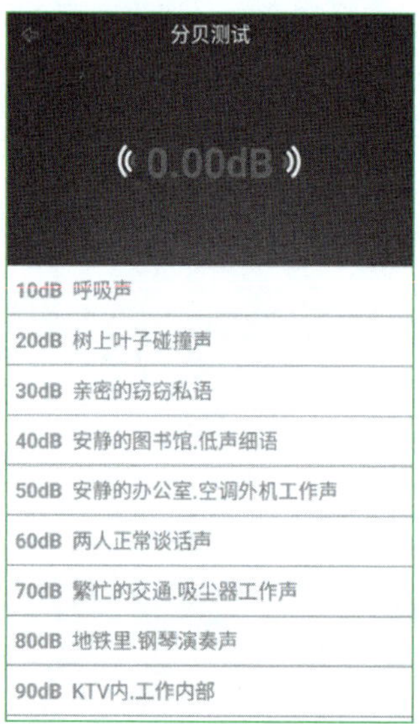

图 3-7-1　分贝测试界面

学习笔记

【分贝测试仪功能】考评记录

姓名		完成日期	
序号	考核内容	标准分	评分
1	分贝测试界面搭建	20	
2	控件动画实现	10	
3	MediaRecorder实现录制声音文件	30	
4	声音转换为分贝	20	
5	分贝值发送给UI线程	20	
总评分		100	

任务心得：

任务 8 手电筒功能

任务描述

<table>
<tr><td>情境描述</td><td>夜晚遇见突然停电、没有灯光的楼梯时，手电筒功能就显得非常重要。工具箱App中一定要有手电筒功能</td></tr>
<tr><td>任务分解</td><td>分析上面的工作情境，将任务分解如下：
1．创建闪光灯工具类。
2．闪光灯的销毁与启用。
3．手电筒菜单按钮添加单击事件</td></tr>
<tr><td>任务准备</td><td>1．CameraManager类
CameraManager是相机设备服务管理类，提供了检测、描述、连接等方法，常见方法如下：
通过调用Context.getSystemService(java.lang.String)方法获取一个CameraManager的实例。例如：
<code>CameraManager manager=(CameraManager)getSystemService(Context.CAMERA_SERVICE);</code>
getCameraCharacteristics(String cameraId)方法用于查询id为cameraId的相机设备所支持的功能。该方法会返回一个CameraCharacteristics类的对象。
getCameraIdList()方法用于获取当前连接的所有相机设备的cameraId集合。
openCamera(String cameraId,CameraDevice.StateCallback callback,Handler handler)方法用于打开一个到具有给定cameraId的摄像机的连接。
void setTorchMode(String cameraId,boolean enabled)方法用于打开或关闭id为cameraId的相机设备的闪光灯功能。
2．需求分析
经过分析，本任务需要做以下工作：
学习CameraManager类</td></tr>
</table>

任务目标

知识目标	掌握CameraManager类的使用
技能目标	1．能够编码实现手机闪光灯开启。 2．能够打开系统提供的应用
素养目标	耐心与严谨：规范编写代码，养成添加注释习惯，勤思考，多动手，独立解决问题，遇到困难能够迎难而上

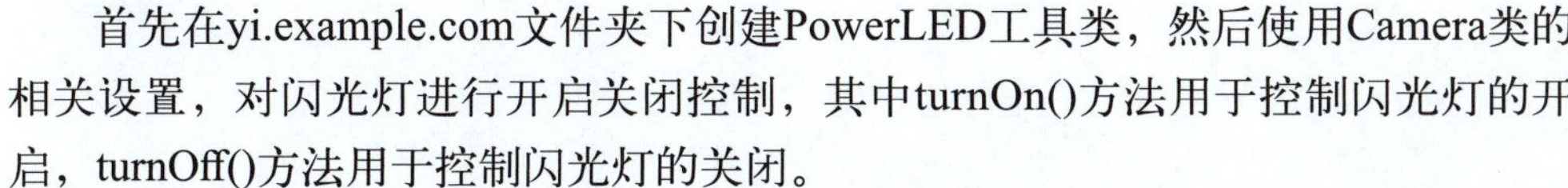

创建闪光灯工具类。

首先在yi.example.com文件夹下创建PowerLED工具类，然后使用Camera类的相关设置，对闪光灯进行开启关闭控制，其中turnOn()方法用于控制闪光灯的开启，turnOff()方法用于控制闪光灯的关闭。

```
    public class PowerLED {
        boolean m_isOn;
        // Camera m_Camera;
        Context context;
        String cameraId=null;
        CameraManager cameraManager= null;
        /**
         * 闪光初始化
         */
        public PowerLED(Context context) {
            this. context=context;
            m_isOn = false;
            /**
             * 开启相机
             */
             try {
                 if(Build.VERSION.SDK_INT<23)
                     m_Camera = Camera.open();              // 开启相机
                 this.context=context;

            } catch (Exception e){
                 Log.d("TAG", "Error is " + e.getMessage());
                 Toast.makeText(context, " 请在设置中打开应用相机权限 ",
Toast.LENGTH_LONG).show();
            }
        }
        /**
         * 打开闪光灯
         */
        public void turnOn() {
           if (!m_isOn) {
               m_isOn = true;
               if(Build.VERSION.SDK_INT>=23){
                   cameraManager=(CameraManager) context.getSystemService
(Context.CAMERA_SERVICE);
                   try {
```

```
                String[] cameras=cameraManager.getCameraIdList();
                cameraManager.setTorchMode("0",true);
            } catch (CameraAccessException e) {
                e.printStackTrace();
            }
        }
        else {
            try { // 声明相机设置 mParameters
                Camera.Parameters mParameters;
                //初始化相机设置
                mParameters
                mParameters = m_Camera.getParameters();
                //开启闪光灯
                mParameters.setFlashMode(Camera.Parameters. FLASH_MODE_TORCH);
                m_Camera.setParameters(mParameters);    //设置相机参数
            } catch (Exception ex) {
            }
        }
    }
}
public void turnOff() {
    if (m_isOn) {
        m_isOn = false;
        try {
            if (Build.VERSION.SDK_INT >= Build.VERSION_CODES.M) {
                cameraManager.setTorchMode(cameraId,false);
            }
        } catch (Exception ex) {
        }
    }
}
}
```

步骤2： 闪光灯的销毁与启用。

在yi.example.com文件夹下的MainActivity类中，对PowerLED类进行声明。

```
private boolean status = false;        //是否开启手电筒判断标志，默认关闭
private PowerLED powerled;             //闪光灯控制
onCreate():
powerled = new PowerLED(this);         //初始化闪光灯
```

在MainActivity类的onPeause()方法中使用Destroy()方法释放相机资源，关闭闪光灯，当再次启动当前页面时需要重新初始化闪光灯，在onRestart()方法中初始化闪光灯。具体代码如下:

```
onPause():
powerled.Destroy();                    //释放相机资源，关闭闪光灯
onRestart():
powerled = new PowerLED(this);         //初始化闪光灯
```

步骤3： 手电筒菜单按钮添加单击事件

（1）在MainActivity类中，删除“pos == 3”的Toast事件，然后添加手电筒功能的单击事件，具体代码如下：

```
onFlashlight();
```

（2）手电筒的开启和关闭：

```
public void onFlashlight() {
    powerled.turnOff();                //关闭闪光灯
    if (!status) {
         status = true;
         powerled.turnOn();            //开启闪光灯
    } else {
         status = false;
         powerled.turnOff();
    }
}    //关闭闪光灯
```

因为使用相机的闪光灯开发手电筒功能，模拟器不支持，请使用手机运行，运行到手机上后观察运行效果。

学习笔记

任务考评

【手电筒功能】考评记录

<table>
<tr><td>姓名</td><td colspan="2"></td><td>完成日期</td><td></td></tr>
<tr><td>序号</td><td colspan="2">考核内容</td><td>标准分</td><td>评分</td></tr>
<tr><td>1</td><td colspan="2">闪光灯打开与关闭功能</td><td>50</td><td></td></tr>
<tr><td>2</td><td colspan="2">手电筒菜单按钮功能实现</td><td>50</td><td></td></tr>
<tr><td colspan="3">总评分</td><td>100</td><td></td></tr>
<tr><td colspan="5">任务心得：</td></tr>
</table>

单元 4 新闻客户端项目

东京奥运会期间，大家谈论最多的话题有两个，一个是奥运会赛事情况，一个是疫情情况。小张说，现在早上一睁眼，就要看看这两个信息，已经成习惯了。项目组小王说我们可以实现一个新闻客户端 App，里面显示大家最感兴趣的新闻内容，这样就不用到处搜索关心的内容了，大家表示这个可行。

本单元通过新闻客户端项目，学习 Json 数据格式和网络请求框架的使用，根据知识点划分为两个任务：数据服务 API 接口、新闻客户端实现。

新闻客户端 App 效果图如图 4-1 所示。

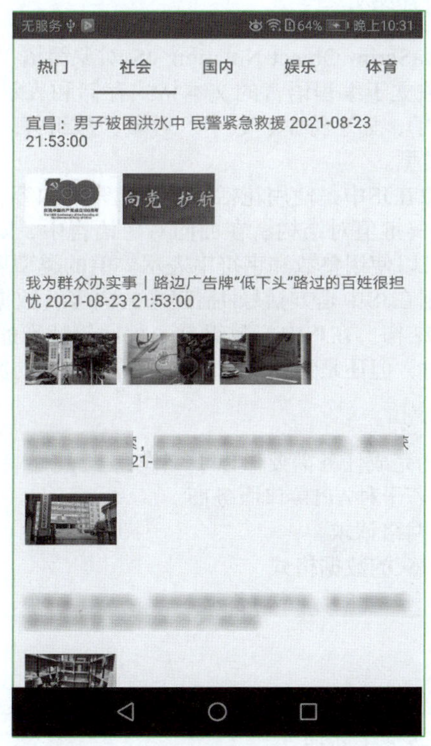

图 4-1 新闻客户端 App 效果图

学习目标

通过本单元的学习，使学生掌握网络请求框架、设计模式、Json 数据格式等知识，培养学生利用网络编程技术和第三方服务解决实际问题的能力。

任务1 数据服务 API 接口

任务描述

情境描述	项目组针对项目需求展开了讨论，认为移动互联网时代，手机上网接收新闻资讯是个普遍现象，手机上这些新闻数据来源于什么地方？如何获取和解析这些新闻信息？大家经过摸索发现找到了新闻数据服务和API接口，发现可以调用Android的原生态HttpUrlConnection类获取数据，而数据大多数都是json格式，要解析这个格式才能得到新闻数据
任务分解	分析上面的工作情境，将任务分解如下： 1．服务申请。 2．API说明
任务准备	**1．JSON数据格式** JSON（JavaScript Object Notation, JS 对象简谱）是一种轻量级的数据交换格式，采用完全独立于编程语言的文本格式存储和表示数据。任何支持的类型都可以通过JSON表示，如字符串、数字、对象、数组等。但是对象和数组是比较特殊且常用的两种类型。 对象：对象在JS中是使用花括号{}括起来的内容，数据结构为 {key1：value1, key2：value2,…}键值对结构。在面向对象语言中，key为对象的属性，value为对应的值。键名可以使用整数和字符串表示。值的类型可以是任意类型。 数组：数组在JS中是方括号[]括起来的内容，数据结构为 ["java", "javascript", "vb",…]的索引结构。在JS中，数组是一种比较特殊的数据类型，它也可以像对象那样使用键值对，但还是索引使用得多。同样，值的类型可以是任意类型。 **2．需求分析** 经过分析，完成任务需要做以下工作： （1）了解若干种API接口服务商。 （2）学习网络请求。 （3）学习JSON数据格式

任务目标

知识目标	1．掌握网络请求数据。 2．掌握JSON语法格式
技能目标	1．能够运用网络解决实际问题。 2．能够看懂JSON格式数据
素养目标	耐心与严谨，勤思考，多动手，独立解决问题，遇到困难能够迎难而上

任务实现

视 频

数据服务

步骤1： 服务申请。

本任务需要新闻内容。互联网上有一些API接口服务商，专门为企业或个人提供数据服务，接口包含各个领域，每个服务商平台的产品种类也不尽相同，大部分产品是需要付费使用的，但也提供一部分免费API接口，对于个人开发者而言还是相当友好的。本任务中使用的是“聚合数据”提供的数据服务。

使用“聚合数据”，需要先注册并进行实名认证，具体操作可根据网站提示进行。服务商提供了很多数据服务，有免费的，有付费的，“新闻头条”就是一个免费的服务。进入网站后，选择“免费API”模块（见图4-1-1），会展示出很多数据服务，选择“新闻头条”（见图4-1-2），进入“新闻头条”的模块说明。

图 4-1-1 选择免费 API 模块

图 4-1-2 选择“新闻头条”

“新闻头条”模块页面（见图4-1-3）中包含了接口的API文档、错误码参照、示例代码等信息。如果需要使用这个数据，就单击“立即申请”按钮，然后在“个人中心”→“数据中心”→“我的接口”中会看到已申请的接口，每个申请的接口都会生成一个AppKey，如图4-1-4所示，这个AppKey很重要，每次请求都会用到，同时，它也没有平台的限制，同一个AppKey可以在Android端使用，也可以在PC端使用，可以使用Java语言，也可以使用JavaScript语言。这里有个需要注意的地方，由于使用的是免费的AppKey，每天只能请求100次，但是完成练习已经足够了，如果需要无限次数，需要购买会员。

图 4-1-3　新闻头条模块页面

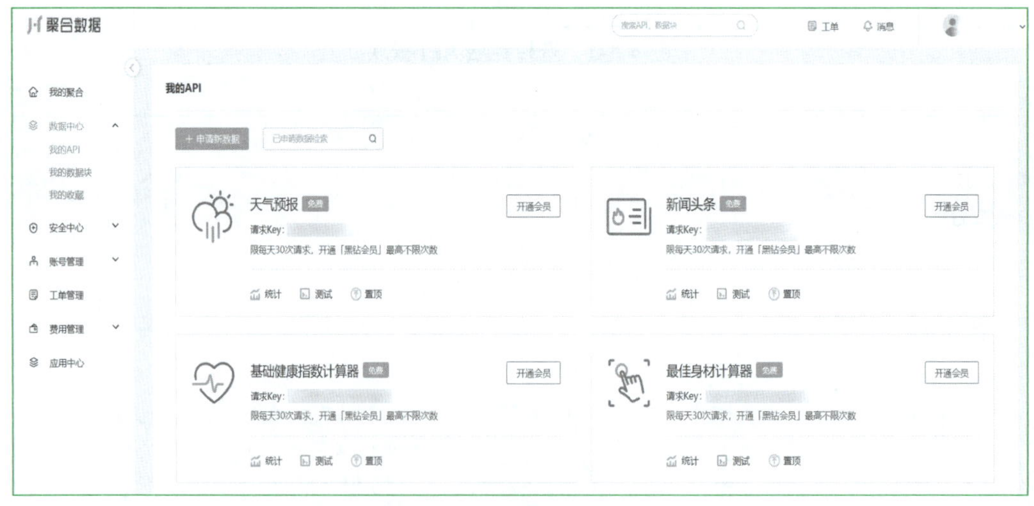

图 4-1-4　生成的 AppKey

步骤2： API说明。

在API文档中，介绍了接口地址为http://v.juhe.cn/toutiao/index，返回的格式为json，请求方式支持get和post。请求示例如下：

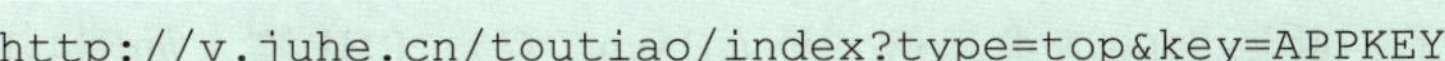

```
http://v.juhe.cn/toutiao/index?type=top&key=APPKEY
```

其中，key的值是在个人中心中看到的对应接口的AppKey，type的值则是根据参数说明中的说明和用户的需求而确定的，例如需求查看头条新闻，则type=top。JSON返回示例中展示了请求服务器后返回来的数据，图4-1-5所示数据为json格式。有些数据也可支持XML格式，可以根据需求进行选择。服务商提供的API测试工具能够快速让用户体验到请求接口的效果。

JSON返回示例：


```
{
    "reason": "成功的返回",
    "result": {
        "stat": "1",
        "data": [
        {
            "uniquekey": "6c4caa0c3ba6e05e2a272892af43c00e",
            "title": "杨幂的发际线再也回不去了么？网友吐槽像半秃",
            "date": "2017-01-05 11:03",
            "category": "yule",
            "author_name": "腾讯娱乐",
            "url": "http://mini.eastday.com/mobile/170105110355287.html?qid=juheshuju",
            "thumbnail_pic_s": "http://03.imgmini.eastday.com/mobile/20170105/20170105110355_
806f4ed3fe71d04fa452783d6736a02b_1_mwpm_03200403.jpeg",
            "thumbnail_pic_s02": "http://03.imgmini.eastday.com/mobile/20170105/20170105110355_
806f4ed3fe71d04fa452783d6736a02b_2_mwpm_03200403.jpeg",
            "thumbnail_pic_s03": "http://03.imgmini.eastday.com/mobile/20170105/20170105110355_
```


图 4-1-5　JSON 格式数据

在错误码参照中，展示了可能遇到的一些错误及其对应返回的错误代码（error_code），比如请求次数超过限制后，返回的数据中，error_code值为10012，如果没有错误，则error_code值为0，如图4-1-6所示。

服务级错误码参照(error_code)：

错误码	说明

系统级错误码参照：

错误码	说明	旧版本（resultcode）
10001	错误的请求KEY	101
10002	该KEY无请求权限	102
10003	KEY过期	103
10004	错误的OPENID	104
10005	应用未审核超时，请提交认证	105
10007	未知的请求源	107
10008	被禁止的IP	108
10009	被禁止的KEY	109
10011	当前IP请求超过限制	111
10012	请求超过次数限制	112
10013	测试KEY超过请求限制	113
10014	系统内部异常(调用充值类业务时，请务必联系客服或通过订单查询接口检测订单，避免造成损失)	114
10020	接口维护	120
10021	接口停用	121

错误码格式说明（示例：200201）：

2	002	01
服务级错误（1为系统级错误）	服务模块代码(即数据ID)	具体错误代码

图 4-1-6　错误码参照

在示例代码中，提供了一些语言的请求示例，比如Java、C#、PHP等，如图4-1-7所示，由于网站维护等一些原因，也可能没有提供示例代码。

图 4-1-7 各种语言请求示例

如果要使用其他数据接口，也可申请使用，并查看相关的API文档，参考提供的示例代码进行功能实现。

学习笔记

任务考评

【数据服务API接口】考评记录

姓名		完成日期	
序号	考核内容	标准分	评分
1	聚合数据实名认证	30	
2	AppKey申请	20	
3	Get、Post请求	20	
4	Json数据结构	30	
总评分		100	

任务心得：

任务 2 新闻客户端实现

任务描述

<table>
<tr><td>情境描述</td><td>项目开始启动了一段时间，发现使用原生态的HttpUrlConnection类以后，实现代码逻辑有些混乱，整体不好把控，项目组经过研究后，决定代码重新按MVP模式和网络请求框架编写</td></tr>
<tr><td>任务分解</td><td>分析上面的工作情境，将任务分解如下：
1．项目初始化。
2．创建实体类。
3．创建工具类。
4．Model层。
5．Presenter层。
6．View视图层</td></tr>
</table>

任务准备

1．MVP设计模式

MVP（Model-View-Presenter）是从经典的模式MVC演变而来的，它们的基本思想相同：Controller/Presenter负责逻辑的处理，Model提供数据，View负责显示。

MVP与MVC有着一个重大的区别：在MVP中View并不直接使用Model，它们之间的通信是通过Presenter（MVC中的Controller）进行的，所有交互都发生在Presenter内部，而在MVC中View会直接从Model中读取数据而不是通过Controller。

2．OkHttp

OkHttp 是一个网络请求开源项目，Android网络请求轻量级框架，高效的HTTP 客户端，该项目由 Square公司开发，用于替代HttpUrlConnection和Apache HttpClient

OkHttp 支持PUT、DELETE、POST、GET等请求、文件的上传下载、加载图片（在其内部可以将图片大小自动压缩）、支持请求回调，直接返回对象、对象集合。

使用举例：

```
//创建OkHttpClient对象
private final OkHttpClient client = new OkHttpClient();
public void run() throws Exception {
    Request request = new Request.Builder()
    //请求接口
    .url("http://publicobject.com/helloworld.txt")
    .build();          //创建请求
    //发送异步请求 创建回调方法
    client.newCall(request).enqueue(new Callback() {
        @Override
        public void onFailure(Call call,IOException e) {
            e.printStackTrace();
        }
        @Override
```

```
        public void onResponse(Call call, Response response)
throws IOException {
                try (ResponseBody responseBody = response.body()) {
                    if (!response.isSuccessful()) throw new
IOException("Unexpected code " + response);
                        // 获得响应头部
                        Headers responseHeaders = response.headers();
                    for (int i = 0, size = responseHeaders.size();
i < size; i++) {
                        System.out.println(responseHeaders.name(i) + ":
" + responseHeaders.value(i));
                    }
                    // 打印响应体
                    System.out.println(responseBody.string());
                }
            }
        });
    }
```

3. Retrofit

任务准备

Retrofit是现在比较流行的网络请求框架，可以理解为OkHttp的加强版，底层封装了OkHttp。它使用注解的方式描述http请求，使用注解来配置和描述网络请求参数。

使用举例

```
    // 创建请求接口类 GitHubService，Retrofit 将 http 的 API 方法转为
Java 接口
    public interface GitHubService {
        // 采用注解的方式提供 http 方法 get 和 RUL 相对路径 {} 为占位符
        @GET("users/{user}/repos")
        /*
        接口方法 : listRepos
        返回值：返回类型是 Call<*>，* 表示接收数据的类
        参数：采用 @Path 注解方式提供占位符参数替换
        @Query 注解提供 get 请求参数 sort
        */
         Call<List<Repo>> listRepos(@Path("user") String user,
@Query("sort") String sort);
    }
```

创建Retrofit实例，同时设置baseUrl地址，Retrofit把网络请求的URL 分成了两部分设置：第一部分，在创建Retrofit实例时通过.baseUrl()设置；第二部分，在网络请求接口的注解设置，就是在上面的API接口中用GET注解的字符串。

```
    Retrofit retrofit = new Retrofit.Builder()
        .baseUrl("https://api.github.com/")
```

任务准备

```
        .build();
```

通过retrofit实现网络请求接口GitHubService实例：

```
    GitHubService service = retrofit.create(GitHubService.class);
    //调用接口方法 将网络请求进行封装
    Call<List<Repo>> repos = service.listRepos("octocat");
    //发送异步请求
    repos.enqueue(new Callback< List<Repo>>() {
        //请求成功回调
        @Override
        public void onResponse(Call< List<Repo>> call,
Response< List<Repo>> response) {
        }
        //请求失败回调
        @Override
        public void onFailure(Call< List<Repo>> call, Throwable t) {
        }
    });
```

4. Glide框架

Glide是一个快速高效的Android图片加载库，注重于平滑的滚动。Glide提供了易用的API，高性能、可扩展的图片解码管道（decode pipeline），以及自动的资源池技术。

Glide 支持拉取，解码和展示视频快照、图片、GIF动画。Glide使用的是一个定制化的基于HttpUrlConnection的栈，但同时也提供了与Google Volley和Square OkHttp快速集成的工具库。Glide 的主要目标是让任何形式的图片列表的滚动尽可能变得更快、更平滑，也几乎满足对远程图片的拉取/缩放/显示的一切需求。

Glide 使用简明的流式语法API，它在大部分情况下一行代码能实现需求：

```
    Glide.with(fragment) .load(url) .into(imageView);
```

基本方法如下：

1）with()方法

用于创建一个加载图片的实例。with()方法可以接收Context、Activity或者Fragment类型的参数，在Activity还是Fragment中调用with()方法，都可以直接传this。那如果调用的地方既不在Activity中也不在Fragment中，可以获取当前应用程序的ApplicationContext，传入到with()方法中。注意with()方法中传入的实例会决定Glide加载图片的生命周期，如果传入的是Activity或者Fragment的实例，那么当该Activity或Fragment被销毁时，图片加载也会停止。如果传入的是ApplicationContext，那么只有当应用程序被结束时，图片加载才会停止。

2）load()方法

用于指定待加载的图片资源，Glide支持加载各种各样的图片资源，包括网络图片、本地图片、应用资源、二进制流、Uri对象等。因此load()方法也有很多个方法重载：

```
    //加载本地图片
    File file = new File(getExternalCacheDir() + "/image.jpg");
```

任务准备

```
Glide.with(this).load(file).into(imageView);
//加载应用资源
int resource = R.drawable.image;
Glide.with(this).load(resource).into(imageView);
//加载二进制流
byte[] image = getImageBytes();
Glide.with(this).load(image).into(imageView);
//加载Uri对象
Uri imageUri = getImageUri();
Glide.with(this).load(imageUri).into(imageView);
```

3）into()方法

让图片显示在 ImageView上，把该ImageView的实例传进参数即可。

4）clear()方法

用于及时取消不必要的加载，不是必需的操作，当Glide.with()中传入的Activity或Fragment实例销毁时，Glide会自动取消加载并回收资源。

```
Glide.with(fragment).clear(imageView);
```

5）placeholder()方法

placeholder()方法是采用占位符的方式，当请求正在执行时显示被展示的Drawable。当请求成功完成时，占位符会被请求到的资源替换。如果被请求的资源是从内存中加载出来的，那么占位符可能根本不会被显示。如果请求失败并且没有设置error()方法，则占位符将被持续展示。类似地，如果请求的url/model为null，并且error()和fallback()都没有设置，那么占位符也会继续显示。

```
Glide.with(fragment) .load(url) .placeholder(R.drawable.
placeholder) .into(view);
```

或者

```
Glide.with(fragment) .load(url) .placeholder(new ColorDrawable
(Color.BLACK)) .into(view);
```

6）error()方法

error()为错误回调方法，在请求永久性失败时展示对应图片，同样也在请求的url/model为null，且并没有设置fallback()方法时展示。

```
Glide.with(fragment) .load(url) .error(R.drawable.error)
.into(view);
```

或者

```
Glide.with(fragment) .load(url) .error(new ColorDrawable
(Color.RED)) .into(view);
```

7）fallback()

fallback()为后备回调方法，在请求的url/model为null时展示对应图片，主要目的是允许用户指示null为可接受的正常情况，默认情况下Glide将null作为错误处理，所以可以接受null的应用应当显式地设置一个fallback Drawable。

任务准备

```
    Glide.with(fragment) .load(url) .fallback(R.drawable.
fallback) .into(view);
```

或者

```
    Glide.with(fragment) .load(url) .fallback
```

5. ViewPager

ViewPager提供了多页面切换的效果，是Android 3.0后引入的一个UI控件。ViewPager类直接继承了ViewGroup类，它是一个容器类，可以在其中添加其他view。

1）常用的API

setAdapter(PagerAdapter adapter)：设置适配器。

setOffscreenPageLimit(int limit)：设置缓存的页面个数，默认值为1。

setCurrentItem(int item)：跳转到特定页面。

setPageTransformer(..PageTransformer)：设置页面切换时的动画效果。

setPageMargin(int marginPixels)：设置不同页面之间的间隔。

addOnPageChangeListener(ViewPager.OnPageChangeListener listener)：设置页面滑动时的监听器。

2）ViewPager的适配器

类似于ListView，它有自己的适配器，用来填充数据页面。

（1）PagerAdapter。PagerAdapter 是抽象的类，所以使用时只能使用其子类，实现子类必须要实现以下四个方法：

getCount()：获取当前窗体界面数，即数据的个数。

isViewFromObject(View view, Object object)：用于判断是否由对象生成界面，官方建议直接返回 return view == object;。

instantiateItem(View container, int position)：要显示的页面或需要缓存的页面调用该方法进行布局的初始化。

destroyItem(ViewGroup container, int position, Object object)：如果页面不是当前显示的页面也不是要缓存的页面，会调用该方法，将页面销毁。

（2）FragmentPagerAdapter。它将每个页面表示为一个Fragment，并且每个Fragment都将会保存到 FragmentManager中。而且，当用户不可能再次回到页面时，FragmentManager才会将该Fragment销毁。

使用 FragmentPagerAdapter 需要实现两个方法：

public Fragment getItem(int position)：返回对应的Fragment实例，一般在使用时，会通过构造方法接收要显示的数据源，即Fragment的集合，在这里把对应位置的Fragment 返回。

public int getCount()：返回页面的个数，只须返回传入集合的长度。

（3）FragmentStatePagerAdapter。FragmentPagerAdapter对于不再需要的fragment，选择调用onDetach()方法，仅销毁视图，并不会销毁fragment实例。

FragmentStatePagerAdapter会销毁不再需要的fragment，当当前事务提交以后，会彻底将fragment从当前 Activity的FragmentManager中移除，state标明，销毁时，会将其 onSaveInstanceState(Bundle outState) 中的 bundle 信息保存下来，当用户切换回来时，可以通过该 bundle 恢复生成新的fragment。

3）ViewPager基本用法

（1）在layout中定义一个ViewPager组件。

（2）在Activity中获取ViewPager的引用。

（3）为ViewPager设置适配器。

任务准备

（4）为ViewPager设置滑动特效。

6. TabLayout

TabLayout是Android support中的一个控件，Google在升级了AndroidX之后，将TabLayout迁移到material包中com.google.android.material.tabs.TabLayout，原来的support下面的TabLayout从API 29开始就不再维护了。TabLayout提供了一个水平布局用于展示tabs，继承自HorizontalScrollView。一般与Viewpager结合使用，实现页面和标签联动的效果，是App中非常常用的一个控件。

1）常用属性

格式属性：

app:tabIndicatorColor：指示线的颜色。

app:tabIndicatorHeight：指示线的高度。

app:tabSelectedTextColor：tab选中时的字体颜色。

app:tabTextColor：tab未选中时的字体颜色。

标签距离：

app:tabPaddingStart

app:tabPaddingBottom

app:tabPadding

app:tabPaddingEnd

app:tabPaddingTop

对齐方式：

app:tabGravity="center"：居中显示。

app:tabGravity="fill"：居中显示。

app:tabContentStart="200dp"：从左边开始偏移距离，必须是可滑动的。模式scrollable：

app:tabMode="scrollable"：显示模式，默认是fixed，固定的。

scrollable：可滚动的。

标签宽度限制：

app:tabMaxWidth="50dp"：最大宽度。

app:tabMinWidth="100dp"：最小宽度。

2）TabLayout的常用API

以下代码基于对象TabLayout tabLayout；

创建标签：TabLayout.Tab tab = tabLayout.newTab();

添加标签：tabLayout.addTab(tab);

删除标签：tabLayout.removeTab(tab);

通过索引删除标签：tabLayout.removeTabAt(tab.getPosition());

得到标签：TabLayout.Tab tab = tabLayout.getTabAt(tabIndex)

得到标签总数：int tabCount = tabLayout.getTabCount();

指示器高度设置：tabLayout.setSelectedTabIndicatorHeight(20);

指示器颜色设置：tabLayout.setSelectedTabIndicatorColor(Color.RED);

Tab常用API：

```
TabLayout.Tab mTab = tabLayout.newTab();
```

获取tab内容：

```
CharSequence content = mTab.getContentDescription();
String strContent = content.toString();
```

任务准备

设置标题文字：

```
mTab.setText(R.string.app_name);
mTab.setText("Tab Name");
```

获取当前标签位置：

```
int position = mTab.getPosition();
```

添加图标：

```
mTab.setIcon(R.mipmap.ic_launcher);
```

3）基本用法

（1）添加design依赖：

```
implementation 'com.google.android.material:material:1.2.1'
```

（2）xml引用：

```
<?xml version="1.0" encoding="utf-8"?>
<LinearLayout xmlns:android="http://schemas.android.com/
apk/res/android"
    android:orientation="vertical"
    android:layout_width="match_parent"
    android:layout_height="match_parent"
    android:padding="10dp">
<com.google.android.material.tabs.TabLayout
    android:id="@+id/tabLayout"
    android:layout_width="match_parent"
    android:layout_height="wrap_content"
    />
<androidx.viewpager.widget.ViewPager
    android:id="@+id/viewPager"
    android:layout_width="match_parent"
    android:layout_height="match_parent"
    />
</LinearLayout>
```

（3）逻辑代码：

```
public class MainActivity extends AppCompatActivity {
   private TabLayout tabLayout;
   private ViewPager viewPager;
   private List<Fragment> fragmentList;
    String[] table={"新闻","财经","娱乐"};
    @Override
    protected void onCreate(Bundle savedInstanceState) {
        super.onCreate(savedInstanceState);
```

任务准备

```
        setContentView(R.layout.activity_main);
        tabLayout=findViewById(R.id.tabLayout);
        viewPager=findViewById(R.id.viewPager);
        initData();
        viewPager.setAdapter(new MyViewPagerAdapter(getSupp
ortFragmentManager(),fragmentList,table));
        tabLayout.setupWithViewPager(viewPager);
    //设置 TabLayout 和 ViewPager 联动
    }
    private void initData() {
        fragmentList=new ArrayList<>();
        fragmentList.add(new NewsFragment());
        fragmentList.add(new EnjoyFragment());
        fragmentList.add(new MenyFragment());
    }
}
```

Fragemnt 类的创建省略。

```
public class MyViewPagerAdapter extends FragmentPagerAdapter {
    private List<Fragment>  fragments;
    private  String[] table;
    public MyViewPagerAdapter(@NonNull FragmentManager fm,
List<Fragment> fragments,String[] table) {
        super(fm);
        this.fragments=fragments;
        this.table=table;
    }
    @NonNull
    @Override
    public Fragment getItem(int position) {
        return fragments.get(position);
    }
    @Override
    public int getCount() {
        return fragments.size();
    }
    @Nullable
    @Override
    public CharSequence getPageTitle(int position) {
       return table[position];
    }
}
```

7. 需求分析

经过分析，本任务需要做以下工作：

任务准备	（1）学习Retrofit网络请求框架。 （2）学习Fragement使用。 （3）学习ViewPager、TabLayout使用。 （4）学习RecyclerView使用。 （5）学习WebView使用。 （6）学习Glide图片框架

任务目标

知识目标	1. 掌握网络请求过程及实现。 2. 掌握界面展示复杂控件。 3. 掌握适配器。 4. 网页内容展示。 5. 理解MVP模式
技能目标	1. 能够运用Retrofit框架进行网络Get、Post请求。Glide框架请求网络图片。 2. 能够运用Fragment、ViewPager、RecyclerView等复杂控件完成界面显示。 3. 能够使用WebView控件展示网页内容
素养目标	耐心与严谨：规范编写代码，养成添加注释习惯，勤思考，多动手，独立解决问题，遇到困难能够迎难而上

任务实现

视 频

项目初始化

视 频

MVP简介

步骤1： 项目初始化。

在本任务中使用的是MVP模式，初步了解MVP中每一层的作用。网络请求使用的是Retrofit2，Json解析工具使用的是Gson，图片加载工具使用的是Glide。

1. 按MVP模式创建子包

使用Android Studio创建一个新项目，项目名为HotNews，建立图4-2-1所示包。其中，entity中是实体类，model中是业务处理类，presenter中是流程控制类，相当于主持人的作用，util中是工具类，view中是页面显示的内容。

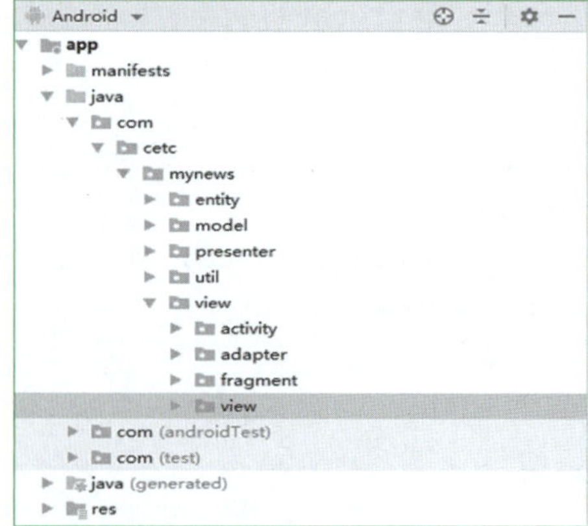

图 4-2-1　建立包

2. 添加权限

在AndroidManifest.xml文件中添加网络权限和相关的权限。

```
<uses-permission-sdk-23 android:name="android.permission.INTERNET" />
<uses-permission-sdk-23 android:name="android.permission.ACCESS_NETWORK_STATE" />
<uses-permission-sdk-23 android:name="android.permission.ACCESS_WIFI_STATE" />
<uses-permission-sdk-23 android:name="android.permission.CHANGE_WIFI_STATE" />
```

由于Android 9.0及以上默认不支持HTTP请求，而是HTTPS请求，所以还要配置一条参数，支持HTTP请求。

```
<application
    …
    android:usesCleartextTraffic="true">
    …
</application>
```

为了更好地体验效果，App很多时候需要去掉页面标题，所以在默认引用的AppTheme中做了一点修改，在res下的values目录下的styles.xml文件中，增加一个属性，具体内容如下：

```
<style name="AppTheme" parent="Theme.AppCompat.Light.DarkActionBar">
    …
    <!-- 不显示titile栏 -->
    <item name="windowNoTitle">true</item>
</style>
```

3. 添加依赖

打开app模块下的build.gradle文件，在dependencies中添加需要的依赖包。

```
dependencies{
    implementation fileTree(dir: 'libs', include: ['*.jar'])
    …
    implementation 'com.squareup.okhttp3:okhttp:4.1.1'
    implementation 'com.squareup.retrofit2:retrofit:2.6.1'
    implementation 'com.squareup.retrofit2:converter-gson:2.6.1'
    implementation 'com.google.code.gson:gson:2.8.5'
    implementation 'com.github.bumptech.glide:glide:4.10.0'
    …
}
```

视 频

实体工具类

步骤2： 创建实体类。

根据接口请求返回的数据格式，本任务在entity包下面生成了两个实体类文件。一个News类，一个NewsInfo类，可以使用工具生成。

1. News类

```
import java.util.Arrays;
public class News {
    private String reason;
    @SerializedName("error_code")
    private int errorCode;
    private Result result;
    public String getReason() {
        return reason;
    }
    public void setReason(String reason) {
        this.reason = reason;
    }
    public int getErrorCode() {
        return errorCode;
    }
    public void setErrorCode(int errorCode) {
        this.errorCode = errorCode;
    }
    public Result getResult() {
        return result;
    }
    public void setResult(Result result) {
        this.result = result;
    }
    public class Result {
        String stat;
        NewsInfo[] data;
        public String getStat() {
            return stat;
        }
        public void setStat(String stat) {
            this.stat = stat;
        }
        public NewsInfo[] getData() {
            return data;
        }
        public void setData(NewsInfo[] data) {
            this.data = data;
        }
        @Override
        public String toString() {
            return "Result{" +
```

```
                "stat='" + stat + '\'' +
                ", data=" + Arrays.toString(data) +
                '}';
        }
    }
    @Override
    public String toString() {
        return "News{" +
                "reason='" + reason + '\'' +
                ", errorCode=" + errorCode +
                ", result=" + result +
                '}';
    }
}
```

类的属性和返回的值是一一对应的，返回值的Key是什么，创建实体类时，对应的属性名就是什么，如果有不一致的，如服务器返回的是error_code，实体类中是errorCode，需要添加@SerializedName("error_code")，为了Gosn在解析时方便对应。

News类是定义返回值的最外面一层，其中的属性result中是数据，其中的data是数组，数组中的对象是新闻内容，该对象的类是自己定义的NewsInfo，属性与返回值一一对应。

2. NewsInfo类

```
package com.cetc.mynews.entity;
public class NewsInfo {
    private String uniquekey;
    private String title;
    private String date;
    private String category;
    private String author_name;
    private String url;
    private String thumbnail_pic_s;
    private String thumbnail_pic_s02;
    private String thumbnail_pic_s03;
    @Override
    public String toString() {
        return "NewsInfo{" +
                "uniquekey='" + uniquekey + '\'' +
                ", title='" + title + '\'' +
                ", date='" + date + '\'' +
                ", category='" + category + '\'' +
                ", author_name='" + author_name + '\'' +
                ", url='" + url + '\'' +
                ", thumbnail_pic_s='" + thumbnail_pic_s + '\'' +
                ", thumbnail_pic_s02='" + thumbnail_pic_s02 + '\'' +
```

```
                ", thumbnail_pic_s03='" + thumbnail_pic_s03 + '\'' +
                '}';
    }
    public String getUniquekey() {
        return uniquekey;
    }
    public void setUniquekey(String uniquekey) {
        this.uniquekey = uniquekey;
    }
    public String getTitle() {
        return title;
    }
    public void setTitle(String title) {
        this.title = title;
    }
    public String getDate() {
        return date;
    }
    public void setDate(String date) {
        this.date = date;
    }
    public String getCategory() {
        return category;
    }
    public void setCategory(String category) {
        this.category = category;
    }
    public String getAuthor_name() {
        return author_name;
    }
    public void setAuthor_name(String author_name) {
        this.author_name = author_name;
    }
    public String getUrl() {
        return url;
    }
    public void setUrl(String url) {
        this.url = url;
    }
    public String getThumbnail_pic_s() {
        return thumbnail_pic_s;
    }
    public void setThumbnail_pic_s(String thumbnail_pic_s) {
        this.thumbnail_pic_s = thumbnail_pic_s;
```

```
        }
        public String getThumbnail_pic_s02() {
            return thumbnail_pic_s02;
        }
        public void setThumbnail_pic_s02(String thumbnail_pic_s02) {
            this.thumbnail_pic_s02 = thumbnail_pic_s02;
        }
        public String getThumbnail_pic_s03() {
            return thumbnail_pic_s03;
        }
        public void setThumbnail_pic_s03(String thumbnail_pic_s03) {
            this.thumbnail_pic_s03 = thumbnail_pic_s03;
        }
    }
```

步骤3: 创建工具类。

1. Constant常量类

在util包下，还有一个NewsAPI的接口文件，这个是Retrofit2请求时所需要的，其中定义了请求的形式、地址、参数等信息，代码如下：

```
    package com.cetc.mynews.util;
    /**
     * 常量
     */
    public class Constant {
        /**
         * 新闻主题
         */
        public static final String[] NEWS_TITLES = {"热门", "社会", "国内",
"娱乐", "体育", "军事", "科技"};
        /**
         * 新闻类型，与新闻主题一一对应
         */
        public static final String[] NEWS_TYPE = {"top", "shehui", "guonei",
"yule", "tiyu", "junshi", "keji"};
        /**
         * 文本 - 主题
         */
        public static final String TITLE = "title";
        /**
         * 文本 - 类型
         */
        public static final String TYPE = "type";
```

```
    /**
     * 聚合 APP KEY
     */
    public static final String JUHE_APP_KEY = "282a672c1b835498438e530191ddae2b";
    /**
     * 聚合网址
     */
    public static final String JUHE_URL = "http://v.juhe.cn/toutiao/";
    /**
     * 文本-url
     */
    public static final String URL = "url";
}
```

2. NewsAPI接口

在util包下，还有一个NewsAPI的接口文件，这个是Retrofit2请求时所需要的，其中定义了请求的形式、地址、参数等信息，代码如下：

```
package com.cetc.mynews.util;
import com.cetc.mynews.entity.News;
import retrofit2.Call;
import retrofit2.http.GET;
import retrofit2.http.Query;
/**
 * 新闻请求API
 */
public interface NewsAPI {
    /**
     * 使用get请求，根据接口要求传递参数
     *
     * @param type 新闻类型
     * @param key  聚合APPkey
     * @return 返回结果
     */
    @GET("index")
    Call<News> getNews(@Query("type") String type, @Query("key") String key);
}
```

知识链接

请求方式是GET，index是请求路径，拼接到baseUrl后构成请求路径。getNews()方法中，@Query表示参数，定义了两个参数，使用时需要传递进来。Type是新闻类型，key即是申请的AppKey。

视 频

实现Model层

步骤4： Model层。

1. 创建IModel接口

在model包下面建一个IModel的基础接口类，用于处理成功或失败时回调，代码如下：

```
package com.cetc.mynews.model;
public interface IModel {
    interface AsyncCallback {
        /**
         * 处理成功
         *
         * @param success 返回的信息
         */
        void onSuccess(Object success);
        /**
         * 处理出错
         *
         * @param error 错误信息
         */
        void onError(Object error);
    }
}
```

2. 创建IGetNewsModel接口

创建一个IGetNewsModel接口，继承自IModel，用于处理获取新闻的业务处理，其中就一个待实现的获取新闻信息的方法，代码如下：

```
package com.cetc.mynews.model;
import com.cetc.mynews.entity.News;
import retrofit2.Callback;
/**
 * 获取新闻业务处理
 */
public interface IGetNewsModel extends IModel {
    /**
     * 获取新闻信息
     *
     * @param type 新闻类型
     * @param asyncCallback 使用自定义的请求后的回调事件
     */
    void getNewsInfo (String type, AsyncCallback asyncCallback);
}
```

3. 创建Retrofit自定义工具类

使用Retrofit框架进行网络请求时，需要使用Retrofit对象，在util包下创建MyRetrofit类。

```
package com.cetc.mynews.util;
import retrofit2.Retrofit;
import retrofit2.converter.gson.GsonConverterFactory;
/**
 * 自定义 retrofit 工具，用于网络请
 */
public class MyRetrofit {
    public static Retrofit getRetrofit(String baseUrl) {
        return new Retrofit.Builder()
                .addConverterFactory(GsonConverterFactory.create())
                .baseUrl(baseUrl)
                .build();
    }
}
```

4. 创建接口实现类IGetNewsModelImpl类

Model层的接口定义完成了，然后就是要实现接口，如何获取新闻信息，就得看如何实现getNewsInfo()方法。首先在model包下新建impl包，该包是用来专门存放接口实现类，然后创建IGetNewsModelImpl类，实现IGetNewsModel接口，代码如下：

```
package com.cetc.mynews.model.impl;
import com.cetc.mynews.entity.News;
import com.cetc.mynews.entity.NewsInfo;
import com.cetc.mynews.model.IGetNewsModel;
import com.cetc.mynews.util.Constant;
import com.cetc.mynews.util.NewsAPI;
import retrofit2.Call;
import retrofit2.Callback;
import retrofit2.Response;
import retrofit2.Retrofit;
import retrofit2.converter.gson.GsonConverterFactory;
public class IGetNewsModelImpl implements IGetNewsModel {
    private static final String TAG = "IGetNewsModelImpl";
    @Override
    public void getNewsInfo (String type, final AsyncCallback
asyncCallback) {
        Retrofit retrofit = MyRetrofit.getRetrofit(Constant.JUHE_URL);
                                                          // 网络请求
        NewsAPI newsAPI = retrofit.create(NewsAPI.class);
        Call<News> newsCall = newsAPI.getNews(type, Constant.JUHE_APP_KEY);
                                                          // 传入请求参数
```

```
        newsCall.enqueue(new Callback<News>() {
            @Override
            public void onResponse(Call<News> call, Response<News> response) {
                News news = response.body();          // 获取返回结果的数据
                if (news.getErrorCode() != 0) {
                    asyncCallback.onError(news.getReason());
                } else {
                    NewsInfo[] newsInfos = news.getResult().getData();
                                                      // 得到新闻列表
                    asyncCallback.onSuccess(newsInfos);
                                                      // 通过回调形式将数据返回
                }
            }
            @Override
            public void onFailure(Call<News> call, Throwable t) {
                asyncCallback.onError(t.getMessage());
            }
        });                                           // 异步数据请求
    }
}
```

在getNewsInfo()方法中传入的第一个参数是请求的新闻类型，第二个参数是获取数据后的回调处理，方法中使用Retrofit2发起网络请求，然后使用Gson把数据解析成News对象，具体使用方法可参考关于Retrofit2的文章。至此，Model层的内容完成。

知识链接

Retrofit用法可查看Git Hub网站。

步骤5： Presenter层。

1. 创建IGetNewsPresenter接口

视频

实现Presenter层（1）

在presenter包下新建IGetNewsPresenter接口，用于业务流程控制，代码如下：

```
package com.cetc.mynews.presenter;
import com.cetc.mynews.entity.NewsInfo;
/**
 * 获取新闻的主持者
 */
public interface IGetNewsPresenter {
    /**
     * 获取新闻
     *
     * @param type 类型
     */
```

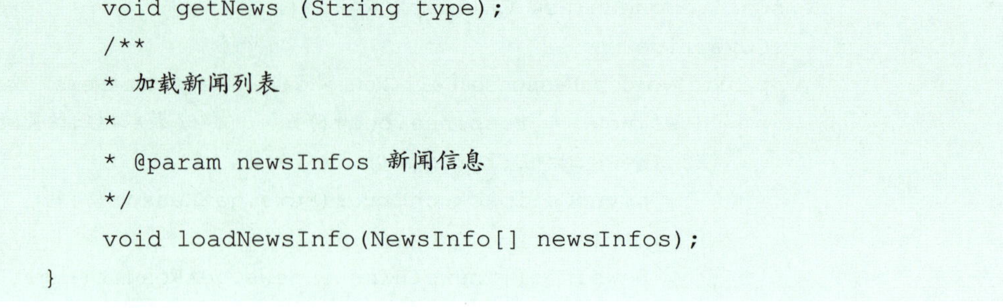

```
        void getNews (String type);
        /**
        * 加载新闻列表
        *
        * @param newsInfos 新闻信息
        */
        void loadNewsInfo(NewsInfo[] newsInfos);
    }
```

视　频

实现Presenter层（2）

2. 创建IGetNewsPresenterImpl类

新建impl包，用于存放实现类，然后在impl包下创建IGetNewsPresenterImpl类，用于实现IGetNewsPresenter接口，代码如下：

```
package com.cetc.mynews.presenter.impl;
import android.util.Log;
import com.cetc.mynews.entity.NewsInfo;
import com.cetc.mynews.model.IGetNewsModel;
import com.cetc.mynews.model.impl.IGetNewsModelImpl;
import com.cetc.mynews.presenter.IGetNewsPresenter;
import com.cetc.mynews.view.view.INewsView;
import java.util.ArrayList;
import java.util.Arrays;
import java.util.List;
import static com.cetc.mynews.model.IModel.AsyncCallback;
public class IGetNewsPresenterImpl implements IGetNewsPresenter {
    private static final String TAG = "IGetNewsPresenterImpl";
    private IGetNewsModel newsModel;                    //获取新闻
    private INewsView newsView;                         //显示新闻
    /**
     * 构造方法。创建实例时，将view层传入
     *
     * @param newsView view层
     */
    public IGetNewsPresenterImpl(INewsView newsView) {
        this.newsView = newsView;
        newsModel = new IGetNewsModelImpl();        //创建model实例
    }
    public void getNews(String type) {
        newsModel.getNewsInfo2(type, new AsyncCallback() {
            @Override
            public void onSuccess(Object success) {
                NewsInfo[] newsInfos = (NewsInfo[]) success;
                Log.i(TAG, "onSuccess: " + newsInfos.toString());
                loadNewsInfo(newsInfos);
            }
            @Override
            public void onError(Object error) {
```

```
                    String errorString = (String) error;
                    Log.e(TAG, "onError: " + errorString);
                    newsView.error(errorString);
                }
            });
        }
        @Override
        public void loadNewsInfo(NewsInfo[] newsInfos) {
            if (newsInfos.length > 0) {
                List<NewsInfo> newslist = new ArrayList<>(Arrays.asList(newsInfos));
                                                        // 把数组转换成集合
                newsView.loadNewsList(newslist);        // 在 view 层显示
            } else
                newsView.error("抱歉，暂无数据！");      //view 层显示错误信息
        }
    }
```

步骤6：View视图层。

1. 创建INewsView接口

在view包下的view包中创建INewsView接口，在显示新闻页面的，需要实现该接口，代码如下：

```
package com.cetc.mynews.view.view;
import com.cetc.mynews.entity.NewsInfo;
import java.util.List;
/**
 * view 层，显示内容
 */
public interface INewsView {
    /**
     * 加载新闻列表
     *
     * @param newsList 新闻列表
     */
    void loadNewsList(List<NewsInfo> newsList);
    /**
     * 显示错误信息
     *
     * @param error 错误信息
     */
    void error(String error);
}
```

视 频

实现 MainActivity类（1）

2. 新闻列表界面

本任务在MainActivity中添加Fragment实现加载不同类型的新闻，界面显示使用TabLayout结合ViewPager实现标题和Fragment切换。首先在MainActivity对应的布局activity_main.xml中添加TabLayout和ViewPager控件，使用的是androidx包而不是support包中的内容。

1）编写主界面布局文件 activity_main.xml

```
<?xml version="1.0" encoding="utf-8"?>
<LinearLayout xmlns:android="http://schemas.android.com/apk/res/android"
    xmlns:app="http://schemas.android.com/apk/res-auto"
    xmlns:tools="http://schemas.android.com/tools"
    android:layout_width="match_parent"
    android:layout_height="match_parent"
    android:orientation="vertical"
    tools:context="com.cetc.mynews.view.activity.MainActivity">
    <com.google.android.material.tabs.TabLayout
        android:id="@+id/main_tab_layout"
        android:layout_width="match_parent"
        android:layout_height="wrap_content"
        app:tabMode="scrollable"
        app:tabSelectedTextColor="@color/colorAccent" />
    <androidx.viewpager.widget.ViewPager
        android:id="@+id/main_view_pager"
        android:layout_width="match_parent"
        android:layout_height="0dp"
        android:layout_weight="1">
    </androidx.viewpager.widget.ViewPager>
</LinearLayout>
```

视 频

实现 MainActivity类（2）

2）编写主界面类文件MainActivity.java

在activity包下的MainActivity类中初始化并加载Fragment，代码如下：

```
package com.cetc.mynews.view.activity;
import android.os.Bundle;
import androidx.annotation.Nullable;
import androidx.appcompat.app.AppCompatActivity;
import androidx.fragment.app.Fragment;
import androidx.fragment.app.FragmentManager;
import androidx.fragment.app.FragmentPagerAdapter;
import androidx.viewpager.widget.PagerAdapter;
import androidx.viewpager.widget.ViewPager;
import com.google.android.material.tabs.TabLayout;
import com.xmcu.mynews.R;
import com.cetc.mynews.util.Constant;
import com.cetc.mynews.view.fragment.NewsFragment;
import org.jetbrains.annotations.NotNull;
```

```
/**
 * 主页面，程序入口，加载 fragment
 */
public class MainActivity extends AppCompatActivity {
    TabLayout tabLayout;
    ViewPager viewPager;
    @Override
    protected void onCreate(Bundle savedInstanceState) {
        super.onCreate(savedInstanceState);
        setContentView(R.layout.activity_main);
        initView();
        loadData();
        setListener();
    }
    private void initView() {
        tabLayout = findViewById(R.id.main_tab_layout);
        viewPager = findViewById(R.id.main_view_pager);
    }
    private void loadData() {
        PagerAdapter adapter = new MyPagerAdatper(getSupportFragmentManager());
        viewPager.setAdapter(adapter);    // 在 ViewPager 中加载 fragment
    }
    private void setListener() {
        tabLayout.setupWithViewPager(viewPager);
                                    // 设置 TabLayout 和 ViewPager 联动
    }
    /**
     * 自定义 fragmentPagerAdapter，适配需求
     * 配合 fragment 和 ViewPager 使用
     */
    private class MyPagerAdatper extends FragmentPagerAdapter {
        MyPagerAdatper(FragmentManager fm) {
            super(fm);
        }
        /**
         * 获取 fragment 实例
         *
         * @param i 下标
         * @return fragment 实例
         */
        @NotNull
        @Override
        public Fragment getItem(int i) {
            Fragment fragment = new NewsFragment();// 创建当前要显示的 Fragment 对象
            Bundle bundle = new Bundle();
            bundle.putString(Constant.TYPE, Constant.NEWS_TYPE[i]);
                                        // 把对应的新闻类型传入
            fragment.setArguments(bundle);          // 设置参数
```

```
            return fragment;
        }
        /**
         * 获取 fragment 数量：有多少 title 就有多少 fragment
         *
         * @return fragment 数量
         */
        @Override
        public int getCount() {
            return Constant.NEWS_TITLES.length;
        }
        /**
         * 获取标签内容
         *
         * @param position 下标
         * @return titile
         */
        @Nullable
        @Override
        public CharSequence getPageTitle(int position) {
            return Constant.NEWS_TITLES[position];
        }
    }
}
```

视 频

实现NewsFragment类

在ViewPager的适配器类MyPagerAdatper中，getItem()方法加载当前Fragment对象，方法中创建NewsFragment类对象，并将对应的新闻类型传入，NewsFragment类还未编写。

3）创建NewsFragment类

在fragment包下新建NewsFragment类，用于显示新闻列表，这里用RecyclerView作为列表显示。

- 布局文件fragment_news.xml

```
<?xml version="1.0" encoding="utf-8"?>
<LinearLayout xmlns:android="http://schemas.android.com/apk/res/android"
    xmlns:app="http://schemas.android.com/apk/res-auto"
    xmlns:tools="http://schemas.android.com/tools"
    android:layout_width="match_parent"
    android:layout_height="match_parent"
    android:orientation="vertical"
    tools:context="com.cetc.mynews.view.fragment.NewsFragment">
    <androidx.recyclerview.widget.RecyclerView
        android:id="@+id/fc_recyclerview"
        android:layout_width="match_parent"
        android:layout_height="0dp"
        android:layout_weight="1"
        android:scrollbars="vertical"
```

```
        app:layoutManager="androidx.recyclerview.widget.LinearLayoutManager"
        tools:listitem="@layout/item_recyclerview_news" />
</LinearLayout>
```

- 类文件NewsFragment.java

```
package com.cetc.mynews.view.fragment;
import android.content.Intent;
import android.os.Bundle;
import android.util.Log;
import android.view.LayoutInflater;
import android.view.View;
import android.view.ViewGroup;
import android.widget.Toast;
import androidx.annotation.NonNull;
import androidx.fragment.app.Fragment;
import androidx.recyclerview.widget.LinearLayoutManager;
import androidx.recyclerview.widget.RecyclerView;
import com.cetc.mynews.entity.NewsInfo;
import com.cetc.mynews.view.activity.NewsDetailActivity;
import com.cetc.mynews.view.adapter.NewsFragmentAdapter;
import com.xmcu.mynews.R;
import com.cetc.mynews.presenter.IGetNewsPresenter;
import com.cetc.mynews.presenter.impl.IGetNewsPresenterImpl;
import com.cetc.mynews.util.Constant;
import com.cetc.mynews.view.view.INewsView;
import java.util.ArrayList;
import java.util.List;
/**
 * 显示新闻列表的fragment，实现view层的方法
 */
public class NewsFragment extends Fragment implements INewsView {
//NewsFragment需要显示从服务器获取到的数据，实现INewsView接口
    private static final String TAG = NewsFragment.class.getSimpleName();
    private RecyclerView recyclerView;      //列表控件
    private List<NewsInfo> newsList;        //新闻列表集合
    private NewsFragmentAdapter adapter;    //列表显示适配器
    IGetNewsPresenter presenter;            //主持者，控制流程
    @Override
    public View onCreateView(@NonNull LayoutInflater inflater, ViewGroup
container,Bundle savedInstanceState) {
        View view = inflater.inflate(R.layout.fragment_news, container, false);
        initView(view);
        loadData();
        setListeners();
        return view;
    }
    private void initView(View view) {
```

```
        recyclerView = view.findViewById(R.id.fc_recyclerview);
        newsList = new ArrayList<>();           // 初始化新闻集合，配合适配器
        recyclerView.setLayoutManager(new LinearLayoutManager(getContext()));
                                                // 设置 recyclerview 显示方式
        adapter = new NewsFragmentAdapter(getContext(), newsList);
                                                // 创建适配器
        recyclerView.setAdapter(adapter);       // 为 recyclerview 设置适配器
        presenter = new IGetNewsPresenterImpl(this);   // 初始化
    }

    private void loadData() {
        assert getArguments() != null;
        String type = getArguments().getString(Constant.TYPE);
                                                // 从传入的参数中获取请求新闻的类型
        presenter.getNews(type);                // 主持人获取新闻
    }
    private void setListeners() {
        // 设置 item 点击事件
        adapter.setOnItemClick(new NewsFragmentAdapter.OnItemClick() {
            @Override
            public void onClick(View view) {
                int position = recyclerView.getChildAdapterPosition(view);
                // 获取点击 item 的下标
                Log.i(TAG, "onClick: position=" + position);
                String newsUrl = newsList.get(position).getUrl();
                // 通过下标，获取新闻信息
                Intent intent = new Intent(getActivity(), NewsDetailActivity.class);
                // 点击 item 进入新闻详情页面
                intent.putExtra(Constant.URL, newsUrl);
                // 把新闻的 URL 传入到下一个页面
                startActivity(intent);
            }
        });
    }

    @Override
    public void loadNewsList(List<NewsInfo> newsList) {
        // 实现的 INewsView 接口的方法，获取新闻列表数据
        this.newsList.addAll(newsList);       // 把请求到的新闻集合加入
        adapter.notifyDataSetChanged();       // 适配器更新显示
    }

    @Override
    public void error(String error) {         // 实现的 INewsView 接口的方法
        Toast.makeText(getContext(), error, Toast.LENGTH_LONG).show();
        //Toast 显示提示信息
    }
}
```

4）创建RecyclerView的条目布局文件——item_recyclerview_news.xml

RecyclerView为了控制列表中每一项显示的内容和排版，还需新建一个布局来匹配，在res下的layout目录下新建item_recyclerview_news.xml的Layout resource file布局文件，编写代码如下：

```
<?xml version="1.0" encoding="utf-8"?>
<LinearLayout xmlns:android="http://schemas.android.com/apk/res/android"
    android:layout_width="match_parent"
    android:layout_height="wrap_content"
    android:layout_margin="2dp"
    android:gravity="center"
    android:orientation="vertical"
    android:padding="10dp">
    <TextView
        android:id="@+id/tv_news_info"
        android:layout_width="match_parent"
        android:layout_height="wrap_content"
        android:layout_weight="1"
        android:gravity="center_vertical"
        android:text="这里是新闻内容" />
    <LinearLayout
        android:layout_width="match_parent"
        android:layout_height="wrap_content"
        android:layout_marginTop="2dp">
        <ImageView
            android:id="@+id/iv_news_pic_thumb"
            android:layout_width="80dp"
            android:layout_height="80dp"
            android:contentDescription="图片预览" />
        <ImageView
            android:id="@+id/iv_news_pic_thumb2"
            android:layout_width="80dp"
            android:layout_height="80dp"
            android:layout_marginStart="5dp"
            android:contentDescription="图片预览" />
        <ImageView
            android:id="@+id/iv_news_pic_thumb3"
            android:layout_width="80dp"
            android:layout_height="80dp"
            android:layout_marginStart="5dp"
            android:contentDescription="图片预览" />
    </LinearLayout>
</LinearLayout>
```

视 频

实现NewsFragment-Adapter类

5）创建RecyclerView的适配器类文件NewsFragmentAdapter类

RecyclerView需要配合适配器使用，所以在adapter包下面新建一个NewsFragmentAdapter类，编写代码如下：

```
    package com.cetc.mynews.view.adapter;
    import android.content.Context;
    import android.view.LayoutInflater;
    import android.view.View;
    import android.view.ViewGroup;
    import android.widget.ImageView;
    import android.widget.TextView;
    import androidx.annotation.NonNull;
    import androidx.recyclerview.widget.RecyclerView;
    import com.bumptech.glide.Glide;
    import com.bumptech.glide.request.RequestOptions;
    import com.cetc.mynews.entity.NewsInfo;
    import com.xmcu.mynews.R;
    import java.util.List;
    public class NewsFragmentAdapter extends RecyclerView.
Adapter<NewsFragmentAdapter.ViewHolder> {
        private Context context;
        private List<NewsInfo> newsList;
        private LayoutInflater inflater;
        private OnItemClick onItemClick;
        public NewsFragmentAdapter(Context context, List<NewsInfo> newsList) {
            this.context = context;
            this.newsList = newsList;
            inflater = LayoutInflater.from(context);
        }
        @NonNull
        @Override
        public ViewHolder onCreateViewHolder(@NonNull ViewGroup viewGroup, int i) {
            View view = inflater.inflate(R.layout.item_recyclerview_news,
viewGroup, false);
            ViewHolder holder = new ViewHolder(view);
            if (onItemClick != null) {
                view.setOnClickListener(new View.OnClickListener() {
                    @Override
                    public void onClick(View view) {
                        onItemClick.onClick(view);
                    }
                });
            }
            return holder;
        }
        @Override
        public void onBindViewHolder(@NonNull ViewHolder viewHolder, int i) {
            NewsInfo newsInfo = newsList.get(i);
            viewHolder.textView.setText(String.format("%s %s", newsInfo.
getTitle(), newsInfo.getDate()));
```

```
        Glide.with(context).load(newsInfo.getThumbnail_pic_s()).
into(viewHolder.imageView);
            if (newsInfo.getThumbnail_pic_s02() != null)  Glide.with(context).
load(newsInfo.getThumbnail_pic_s02()).into(viewHolder.imageView2);
            else viewHoldezr.imageView2.setVisibility(View.GONE);
            if (newsInfo.getThumbnail_pic_s03() != null) Glide.with(context).
load(newsInfo.getThumbnail_pic_s03()).into(viewHolder.imageView3);
            else viewHolder.imageView3.setVisibility(View.GONE);
        }
        @Override
        public int getItemCount() {
            return newsList.size();
        }
        class ViewHolder extends RecyclerView.ViewHolder {
            ImageView imageView, imageView2, imageView3;
            TextView textView;
            ViewHolder(@NonNull View itemView) {
                super(itemView);
                imageView = itemView.findViewById(R.id.iv_news_pic_thumb);
                imageView2 = itemView.findViewById(R.id.iv_news_pic_thumb2);
                imageView3 = itemView.findViewById(R.id.iv_news_pic_thumb3);
                textView = itemView.findViewById(R.id.tv_news_info);
                RequestOptions requestoptions = new RequestOptions()
                                             //Gilde4 后使用 options 配置参数
                        .placeholder(R.mipmap.ic_launcher)
                        .error(R.mipmap.ic_launcher)
                        .override(20, 20);
                Glide.with(context)
                        .asGif()             // 指定为 gif 图片
                        .load(R.mipmap.ic_launcher_round)
                        .apply(requestoptions)
                        .into(imageView);
            }
        }
        public void setOnItemClick(OnItemClick onItemClick) {
            this.onItemClick = onItemClick;
        }
        public interface OnItemClick {
            void onClick(View view);
        }
    }
```

至此，新闻列表显示已经完成。

知识链接

手机上安装的微信、QQ等应用，都会采用列表滚动的方式加载和显示内容，掌握列表滚动控件对于开发者很重要。谷歌官方推出的列表滚动控件主要有两种，ListView和RecyclerView，这两种滚动控件都十分强大。

ListView是最先推出的列表控件，在过去的开发中功不可没，不过该控件在使用时，需要开发进行代码优化以提升其运行效率，否则ListView的性能会受很大影响。而且ListView的扩展性也不好。谷歌官方推出了更加流行、更加灵活的RecyclerView。

RecyclerView可以说是ListView的增强版。不仅可以轻松实现ListView同样的效果，而且还优化了ListView中的不足之处。

RecyclerView控件不在标准库中，需要先引入，可以采用在 app下的build.gradle中添加依赖的方式：

```
implementation 'androidx.recyclerview:recyclerview:1.2.0-alpha05'
```

在布局文件中，由于RecyclerView并不是内置在系统的SDK中，需要将完整的包路径写出来。使用时，需要给RecyclerView设置布局管理器，然后设置适配器。例如：

```
recyclerView.setLayoutManager(new LinearLayoutManager(this)) ;
recyclerView.setAdapter(adapter);
```

RecyclerView控件的适配器类继承RecyclerView.Adapter，示例代码如下：

```
public class FruitAdapter  extends RecyclerView.Adapter<FruitAdapter.ViewHolder> {
    private List<Fruit> fruitList;
    public FruitAdapter(List<Fruit> fruits){
        fruitList=fruits;
    }
    @NonNull
    @Override
    public FruitAdapter.ViewHolder onCreateViewHolder(@NonNull ViewGroup
viewGroup, int i) {
        View view= View.inflate(viewGroup.getContext(),R.layout.list_item,null);
        ViewHolder holder=new ViewHolder(view);
        return holder;
    }
    @Override
    public void onBindViewHolder(@NonNull FruitAdapter.ViewHolder
viewHolder, int i) {
        viewHolder.fruitTitle.setText(fruitList.get(i).getTitle());
        viewHolder.fruitImage.setImageResource(fruitList.get(i).getImageId());
    }
    @Override
```

```
    public int getItemCount() {
        return fruitList.size();
    }
    public class ViewHolder extends RecyclerView.ViewHolder{
        ImageView fruitImage;
        TextView fruitTitle;
        public ViewHolder(@NonNull View view) {
            super(view);
            fruitImage=view.findViewById(R.id.item_iv);
            fruitTitle=view.findViewById(R.id.item_tv);
        }
    }
}
```

3. 新闻详情界面

视 频

实现点击显示新闻详情

1）新闻详情界面布局文件——activity_news_detail.xml

在新闻列表界面，点击某条新闻后需要显示新闻详情，由于服务器提供的新闻详情是一个链接，在显示新闻详情时，加载这个链接即可，这就需要创建一个NewsDetailActivity新闻详情页来加载新闻，在点击新闻列表子项时跳转到该页面，点击事件已在上面的内容中处理过了。在activity包下新建NewsDetailActivity类，这里只需要一个WebView即可，对应的布局文件activity_news_detail.xml代码如下：

```
<?xml version="1.0" encoding="utf-8"?>
<LinearLayout xmlns:android="http://schemas.android.com/apk/res/android"
    xmlns:app="http://schemas.android.com/apk/res-auto"
    xmlns:tools="http://schemas.android.com/tools"
    android:layout_width="match_parent"
    android:layout_height="match_parent"
    tools:context="com.cetc.mynews.view.activity.NewsDetailActivity">
    <WebView
        android:id="@+id/webview_news"
        android:layout_width="match_parent"
        android:layout_height="match_parent" />
</LinearLayout>
```

2）新闻详情界面类文件——NewsDetailActivity.java

```
package com.cetc.mynews.view.activity;
import android.os.Bundle;
import android.webkit.WebView;
import androidx.appcompat.app.AppCompatActivity;
import com.xmcu.mynews.R;
import com.cetc.mynews.util.Constant;
/**
 * 显示新闻详情
 */
```

```
public class NewsDetailActivity extends AppCompatActivity {
    /**
     * 使用 webView 加载地址，显示网页内容
     */
    WebView webView;
    @Override
    protected void onCreate(Bundle savedInstanceState) {
        super.onCreate(savedInstanceState);
        setContentView(R.layout.activity_news_detail);
        String url = getIntent().getStringExtra(Constant.URL);
                                                        // 获取传入的页面地址
        initView();
        loadData(url);
    }
    private void loadData(String url) {
        webView.loadUrl(url);                           //webView 加载网页地址
    }
    private void initView() {
        webView = findViewById(R.id.webview_news);
    }
}
```

4. 运行效果展示

运行项目，左右滑动切换新闻主题，点击标题进入新闻详情，效果如图4-2-2和图4-2-3所示。

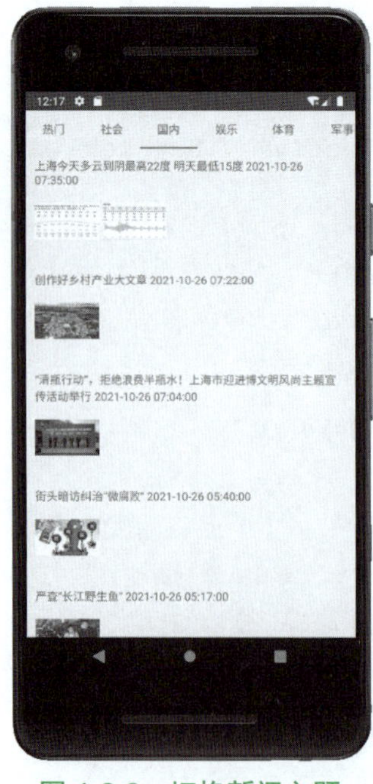

图 4-2-2　切换新闻主题

图 4-2-3　新闻详情

【新闻客户端实现】考评记录

姓名		完成日期	
序号	考核内容	标准分	评分
1	从网络接口获取新闻数据	30	
2	新闻列表界面滑动切换	20	
3	新闻列表界面数据展示	30	
4	新闻详情界面数据展示	20	
总评分		100	
任务心得：			

参 考 文 献

[1] 郭霖. 第一行代码 Android [M]. 2版. 北京：人民邮电出版社，2016.

[2] 黑马程序员. Android移动应用基础教程：Android Studio [M]. 2版. 北京：中国铁道出版社有限公司，2019.

[3] 任玉刚. Android开发艺术探索[M]. 北京：电子工业出版社，2015.

[4] 刘望舒. Android进阶之光[M]. 北京：电子工业出版社，2017.

[5] 明日科技. Java从入门到精通[M]. 北京：清华大学出版社，2019.

[6] 顾浩鑫. Android高级进阶[M]. 北京：电子工业出版社，2016.